T0255236

Technik im Fokus

Die Buchreihe Technik im Fokus bringt kompakte, gut verständliche Einführungen in ein aktuelles Technik-Thema.

Jedes Buch konzentriert sich auf die wesentlichen Grundlagen, die Anwendungen der Technologien anhand ausgewählter Beispiele und die absehbaren Trends.

Es bietet klare Übersichten, Daten und Fakten sowie gezielte Literaturhinweise für die weitergehende Lektüre.

Weitere Bände in der Reihe http://www.springer.com/series/8887

Thomas Schabbach
Pascal Leibbrandt

Solarthermie

Wie Sonne zu Wärme wird

2., aktualisierte Auflage

Thomas Schabbach
Institut für Regenerative
Energietechnik
Hochschule Nordhausen
Nordhausen, Deutschland

Pascal Leibbrandt
Institut für Regenerative
Energietechnik
Hochschule Nordhausen
Nordhausen, Deutschland

ISSN 2194-0770 ISSN 2194-0789 (eBook)
Technik im Fokus
ISBN 978-3-662-59487-2 ISBN 978-3-662-59488-9 (eBook)
https://doi.org/10.1007/978-3-662-59488-9

Die Deutsche Nationalbibliothek verzeichnet diese Publikation in der Deutschen Nationalbibliografie; detaillierte bibliografische Daten sind im Internet über http://dnb.d-nb.de abrufbar.

Springer

Lektorat/Planung: Michael Kottusch
Springer ist ein Imprint der eingetragenen Gesellschaft Springer-Verlag GmbH, DE und ist ein Teil von Springer Nature.
Die Anschrift der Gesellschaft ist: Heidelberger Platz 3, 14197 Berlin, Germany

Vorwort

Seit den Arbeiten zur ersten Auflage dieses Buches im Jahr 2014 sind nun fast 7 Jahre vergangen – und bei Durchsicht der Texte stellt sich das Gefühl ein, dass sich entgegen eigener Erwartung doch Einiges verändert hat. Nicht nur die Corona-Pandemie beschäftigt die Menschheit seit Jahresbeginn 2020, auch der Klimawandel ist weltweit in das Bewusstsein der Menschen eingedrungen. Die Wetterextreme haben – wie von den Klimawissenschaftlern vorhergesagt – zugenommen, die Abnahme der sommerlichen Niederschlagsmengen stresst den Wald und die Landwirtschaft, die WHO erwartet bis 2050 eine Milliarde Klimaflüchtlinge.

In Deutschland streitet sich die Politik nicht mehr um die Frage, ob eine Energiewende notwendig ist (es gibt Ausnahmen), sondern um die Art und Weise der Umsetzung. Erste wichtige Gesetze sind erlassen, die Besteuerung von CO_2-Emissionen durch fossile Brennstoffe ist auf den Weg gebracht.

Und wie ist es der Solarthermie-Branche in den vergangenen Jahren ergangen? Nicht wirklich gut – der Zubau neuer Kollektoranlagen hatte Jahr für Jahr abgenommen. Aber auch hier gibt es jetzt Hoffnung – nach Überarbeitung des Marktanreizprogramms (MAP) belohnt der Staat den Einbau regenerativer und energieeffizienter Heiztechnik seit Beginn 2020 mit wirklich hohen Förderzuschüssen. Bei der Kombination z. B. eines neuen Gas-Brennwertgerätes mit Solarthermie erhält man die Solaranlage quasi dazu geschenkt. Im vergangenen Jahr 2020 konnten auch erstmals seit fast 10 Jahren wieder positive Zubauraten von über 20 % erzielt werden.

Wir haben die aktuellen Entwicklungen und neuen Erkenntnisse bei der Überarbeitung des Buches einfließen lassen und auch die Fehler korrigiert – herzlichen Dank für alle Hinweise! Zudem wurde das Kap. 6 um weitere neue Anwendungsbeispiele ergänzt.

Und ja, wir sind noch immer begeistert von der solarthermischen Wärmenutzung, wie wir im Vorwort zur ersten Auflage geschrieben hatten. Vielleicht gelingt es uns auch bei Ihnen, liebe Leserin, lieber Leser, Ihr Interesse zu wecken?

Nordhausen, Deutschland
April 2021

Thomas Schabbach
Pascal Leibbrandt

Vorwort zur 1. Auflage

In der Wochenendausgabe der heimatlichen Tageszeitung fand sich eines Morgens ein vielversprechender Artikel zum Thema „Sonnenheizung fit machen – Tipps für den Solarwärmeanlagen-Check“. Der Text war mit dem Foto eines Fachmanns mit Helm und Warnweste illustriert, die Bildunterschrift wies auf deren Bedeutung für den Betrieb von Sonnenheizungen hin. Bedauerlicherweise posierte der „Experte“ mit Strommesskabeln in der Hand vor einer Photovoltaikanlage!

Dieses einführende Beispiel verdeutlicht das große Problem der Solarthermie – sie wird nur unzureichend wahrgenommen und dann auch noch mit der photovoltaischen Stromerzeugung verwechselt. Das noch immer geringe Interesse der Öffentlichkeit an der solarthermischen Wärmenutzung und unsere langjährige Begeisterung für diese Technologie gaben den Ausschlag, dieses Buch zu schreiben.

Kap. 1: Was ist Solarthermie und wer braucht Sie? Gleich im ersten Teil des Buches erklären wir, warum eine Energiewende ohne Solarthermie unmöglich ist. Wir zeigen, an welcher Stelle die Solarthermie zukünftig gebraucht wird und wie die Wärmeversorgung der Zukunft aussehen könnte. Zu Beginn des Kapitels wird jedoch erst einmal gezeigt, wie Solarthermie überhaupt funktioniert.

Kap. 2: Wie ist Solarstrahlung nutzbar? Solarthermie macht aus solarer Einstrahlung Wärme, Photovoltaik elektrischen Strom. Wie das jeweils geschieht, was die solare Einstrahlung und wie hoch sie ist, erläutern wir in Kap. 2.

Kap. 3: Welche Bauteile werden benötigt? Eine Solaranlage besteht nicht nur aus dem auf dem Dach sichtbaren Kollektorfeld, sondern aus einer Vielzahl weiterer Bauteile; ebenso wichtig sind der Speicher und eine gute Anlagenregelung. In diesem Kapitel werden die Funktionen der Bauteile erklärt und Hinweise gegeben, was man beim Kauf und später bei der Nutzung beachten sollte.

Kap. 4: Wie arbeiten Solaranlagen? Die beschriebenen Bauteile müssen für die unterschiedlichen Anwendungsmöglichkeiten in bestimmter Anordnung und Dimensionierung zu kompletten Systemen zusammengefügt werden. Kap. 4 zeigt, wie Solarthermie richtig eingesetzt wird – zur Trinkwassererwärmung, zur Raumheizung, aber auch in Industrie und Gewerbe, in Fernwärmenetzen und sogar beim Kühlen!

Kap. 5: Was kostet Solarthermie? Solarthermische Anlagen können auch bei heutigen Energiepreisen wirtschaftlich betrieben werden. Dies rechnen wir Ihnen in diesem Abschnitt vor und geben eine Übersicht zu den Fördermöglichkeiten.

Kap. 6: Wie gut funktionieren Solarthermieanlagen? Eine hohe Effizienz und damit ein wirtschaftlicher Betrieb der Solaranlage ist nur dann gewährleistet, wenn die Anlage fachgerecht geplant und installiert wurde: Wir stellen Ihnen in Kap. 6 anhand von Simulationsrechnungen dar, dass schon scheinbar kleine „Fehler" zu Ertragseinbußen führen können. Anhand der nachfolgenden Beschreibung ausgeführter Anlagen wird deutlich, wie und wo Solarthermie sinnvoll eingesetzt werden kann.

Kap. 7: Und die Zukunft der Solarthermie? Schon zu Beginn des Buchs hatten wir die wichtige Rolle der Solarthermie in unserer zukünftigen Wärmeversorgung beschrieben. Zum Ende schauen wir auf die historischen Anfänge, die erfolgreiche Nutzung der Solarthermie auf dem Mars (!) und geben abschließend einen Ausblick, was die Zukunft der Solarthermie uns Erdbewohnern noch bringen kann.

Inhaltsverzeichnis

Einführung 1

Das Strahlungsangebot der Sonne kann auf vielerlei Weise genutzt werden. Photovoltaikmodule wandeln die Solarstrahlung in elektrische Energie um, Solarkollektoren dagegen wandeln die Energie der Sonne in Wärme um. Diese Nutzungsart wird als „Solarthermie“ bezeichnet. Abb. 1.1 zeigt beide Varianten nebeneinander.

Die Energiewende benötigt nicht nur erneuerbare elektrische Energie von der Sonne, sondern auch sehr viel Wärme zum Heizen von Räumen, zur Trinkwassererwärmung oder als Prozesswärme in Gewerbe und Industrie. Das folgende Kapitel erklärt die Rolle der Solarthermie in der zukünftigen Energieversorgung. Doch zunächst soll kurz erläutert werden, was genau die Solarthermie ist.

1.1 Wie funktioniert Solarthermie?

Dahinter steckt der physikalische Vorgang der Strahlungsabsorption, der aus dem Alltag bekannt ist: Das Innere eines in der Sonne geparkten Fahrzeugs erwärmt sich auf unangenehm hohe Temperaturen, wenn die durch die Scheiben eindringende Solarstrahlung von den Oberflächen im Wageninneren absorbiert und in Wärme (thermische Energie) umgewandelt wird (Abb. 1.2). Ein gut fühlbares Maß für die Zunahme der thermischen Energie ist

T. Schabbach, P. Leibbrandt, *Solarthermie*, Technik im Fokus,
https://doi.org/10.1007/978-3-662-59488-9_1

Abb. 1.1 Photovoltaikmodule (links) und Solarthermiekollektoren (rechts) nutzen beide die Solarenergie

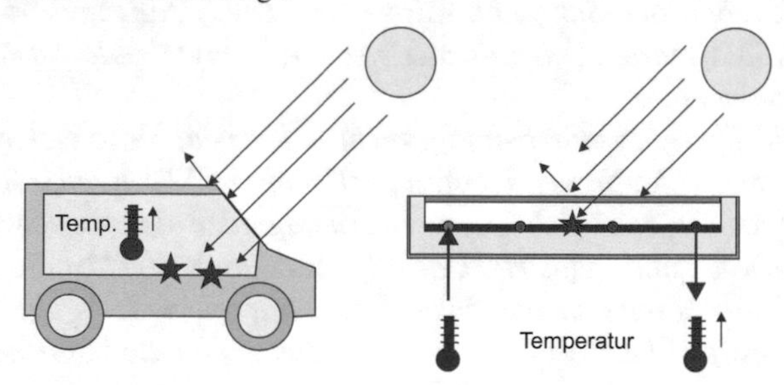

Abb. 1.2 Solarthermische Wandlung im Wageninneren und in einem Solarkollektor

die Temperaturerhöhung. Die geschlossenen Fensterscheiben und das Blechkleid sorgen dafür, dass die „eingefangene" thermische Energie nur langsam und zeitverzögert an die Umgebung abgegeben wird.

Dieser Effekt ist in Solarkollektoren technisch ausgereift umgesetzt. Geschützt unter einem besonders strahlungsdurchlässigen Spezialglas wandelt ein „Absorber", gefertigt aus speziell beschichtetem Metall, die einfallende Strahlung in thermische Energie auf besonders hohem Temperaturniveau um (ohne Energieentnahme erreichen Flachkollektoren im Innern mehr als 200 °C, Vakuumröhrenkollektoren sogar über 300 °C). Diese thermische Energie wird mit einem Flüssigkeits- oder Luftstrom über den Kollektorkreislauf aus dem Kollektor ausgetragen und über Rohrleitungen an einen Speicher zur späteren Nutzung übergeben. Als Transportmedium dient Wasser, dem meist ein Frostschutzmittel beigesetzt ist (bei Luftkollektoren Luft).

Abb. 1.3 zeigt schematisch den Aufbau einer vollständigen Solaranlage. Die im Solarkollektorfeld gewonnene thermische Energie wird über den Kollektorkreislauf in einen Speicher verbracht. Ohne Solaranlage würde der Heizkessel die Energieversorgung zur Erwärmung des Trinkwassers und zur Raumbeheizung allein übernehmen. Ist eine Solaranlage eingebunden, wird über den Speicher zusätzlich solar erzeugte Energie mit eingebracht. Je nach Auslegung erreicht eine Solaranlage zur Trinkwassererwärmung Deckungsanteile von 30 bis 60 % an der dafür benötigten Energie. Solaranlagen mit Heizungsunterstützung können 10 bis 50 % der Raumwärme solar bereitstellen. Es sind aber auch höhere Deckungsanteile möglich, so gibt es Solaraktiv-Häuser, die bis zu 95 % ihres kompletten Wärmebedarfs solar decken.

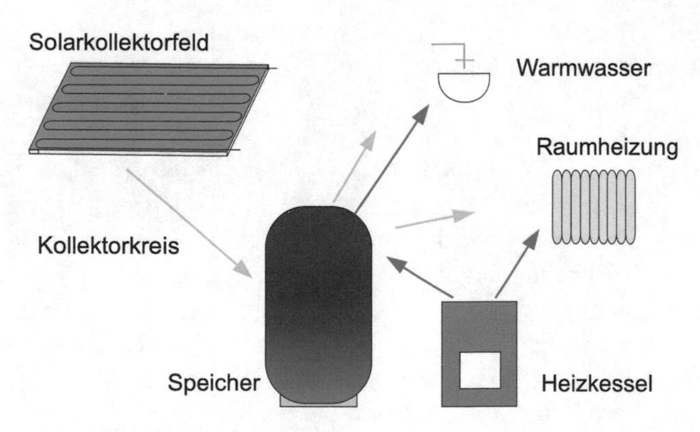

Abb. 1.3 Schematischer Aufbau einer Solaranlage

1.2 Keine Energiewende ohne Solarthermie!

Mit der „Energiewende“ wird der Umbau unseres Energiesystems zu einer nachhaltigen, auf erneuerbaren Energien fußenden Energieversorgung bezeichnet. Ziel ist es, zukünftig auf den Einsatz fossiler Energieträger wie Erdöl und Kohle weitestgehend zu verzichten, da diese nur begrenzt verfügbar sind und deren Verbrennungsprodukte (z. B. CO_2) einen erheblichen Anteil an der Erderwärmung haben. Mit dem Begriff der Energiewende werden viele Assoziationen wachgerufen, man denkt vor allem an „Windstrom“, „Solarstrom“, vielleicht auch an „Ausstieg aus der Atomenergie“, an „Versorgungssicherheit“, „steigende Strompreise“ und in jüngerer Zeit vor allem an „Kohleausstieg“. Alle Begriffe beziehen sich auf unsere elektrische Energieversorgung – die Energiewende wird nur selten mit unserer Wärmeversorgung oder dem Umbau unseres Verkehrssystems in Verbindung gebracht.

Energieverbrauch

Das Bundesministerium für Wirtschaft und Energie veröffentlicht jährlich Bilanzen zum Energieverbrauch in Deutschland. Darin sind die benötigten Mengen an Kraftstoffen (Diesel, Benzin, Kerosin) für den Verkehrsbereich, Brennstoffen (v. a. Erdgas, Heizöl, Stein- und Braunkohle) zur Wärmeversorgung und elektrischer Energie zusammengestellt. Elektrische Energie wird vielfältig eingesetzt, so in der Informations- und Kommunikationstechnik, zur Beleuchtung, aber auch in Elektromotoren zur Bereitstellung mechanischer Energie, zum Antrieb von Wärmepumpen und Kältemaschinen und auch zur Erzeugung von industriell genutzter Wärme (Prozesswärme).

Brennstoffe, Kraftstoffe und elektrische Energie werden als *Endenergieträger* bezeichnet. Aus der Endenergie wird beim (End-)Verbraucher dann in einem letzten Umwandlungsschritt die *Nutzenergie* gewonnen, die bei der Erwärmung von Trinkwasser, für die Raumbeheizung, die Beleuchtung oder den Transport von Gütern verwendet wird.

Primärenergie ist die Vorstufe der Endenergie, also Energie in ihrem natürlichen, noch nicht technisch aufbereiteten Zustand. Fossile Primärenergie steht uns in Form von Kohle, Naturgas oder Rohöl zur Verfügung; Sonnenenergie, Wind und Erdwärme sind regenerative Primärenergie.

Allein in Deutschland werden jährlich rund 2.500 TWh Endenergie verbraucht.[1] Man würde 4,4 Mio. Eisenbahnwaggons mit insgesamt 290 Mio. Tonnen Steinkohle benötigen, um diese Energiemenge zu transportieren. Dieser Güterzug mit einer Gesamtlänge von fast 60.000 km würde sich 1,5-mal um den Äquator winden – nur für den deutschen Jahresendenergiebedarf!

Wozu wird diese unvorstellbar große Energiemenge benötigt? Das zeigt Abb. 1.4: 39,6 % der Endenergie werden zu mechanischer Energie v. a. für den Verkehrsbereich und in der Industrie umgewandelt, das zweitgrößte „Kuchenstück“ mit 25,3 % dient der Erwärmung von Räumen und 5,1 % der Trinkwassererwärmung.[2] Die Informations- und Kommunikationstechnologie (IKT) benötigt 2,4 % und zur Beleuchtung werden 2,4 % der Endenergie eingesetzt.

Welche Endenergieträger werden dazu benötigt? Laut Abb. 1.5 deckt elektrische Energie nur 19,4 % des Endenergieverbrauchs, die Kraftstoffe machen 30,3 % aus, der Rest wird von den

[1] 1 TWh entspricht 10^9 kWh, 1 kWh sind 3,6 Mio. J. Entsprechend ist 1 TWh so viel wie 3,6 PJ, die Vorsilbe Peta entspricht 10^{15} J. Zur Definition der Einheiten siehe Abschn. 2.1.

[2] Die bundesdeutschen Haushalte, die mit 644 TWh insgesamt 26 % der Endenergie benötigen, verbrauchen davon ganze 68 % für die Raumheizung und 16 % zur Trinkwassererwärmung. Nur rund 10 % werden meist in Form von Strom für Anwendungen wie IKT, Beleuchtung oder mechanische Energie genutzt.

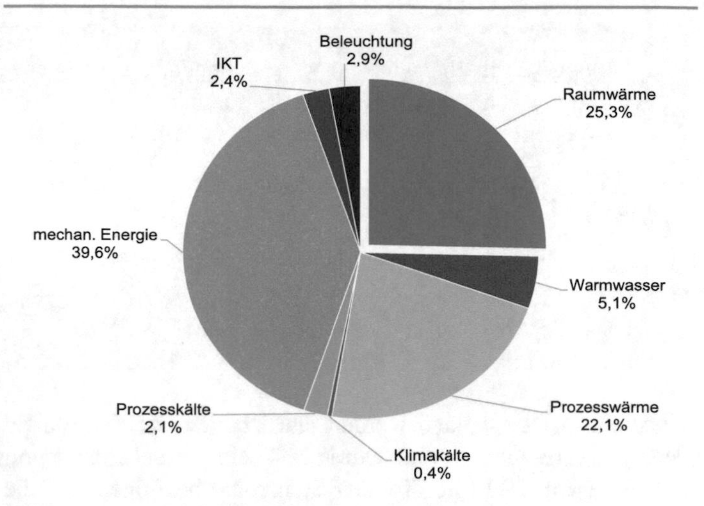

Abb. 1.4 Endenergieverbrauch nach Nutzungsart (Anwendungsbereich), Gesamtverbrauch in Deutschland im Jahr 2019: 2490 TWh [11]

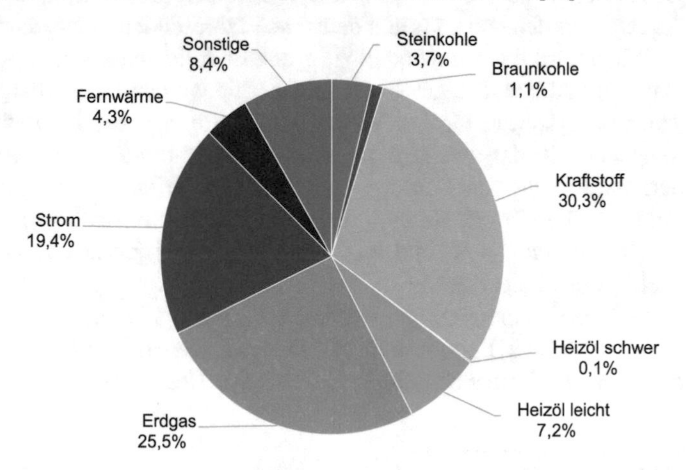

Abb. 1.5 Endenergieverbrauch 2019 nach Energiearten [11]

Brennstoffen eingenommen. Gerade bei den fossilen Brennstoffen Erdgas und Heizöl, die wesentlich zu Heizzwecken verwendet werden, liegt ein enormes Einsparpotential, da zur Wärmeerzeugung eigentlich nur „minderwertige“ Energie notwendig ist.

Die Qualität von Energie

Energie ist nicht gleich Energie – das sagt der Thermodynamiker und hat damit Recht. Schon bis Mitte des 19. Jahrhunderts fanden Forscher wie Carnot und Clausius heraus, dass jede Form von Energie ihre eigene Qualität besitzt, die heute mit dem Exergiegehalt „gemessen" wird: Exergie ist der Anteil der Energie, der in beliebige andere Energieformen umwandelbar ist. Abb. 1.6 zeigt die Qualität unterschiedlicher Energieformen. Aus einer kWh elektrischer Energie, die vollständig aus Exergie besteht, kann wohl eine kWh Wärme gemacht werden, nicht aber umgekehrt – in thermischer Energie stecken je nach Temperaturniveau nur wenige Prozent Exergie.

Der bekannte „Zweite Hauptsatz der Thermodynamik" besagt, dass bei der Umwandlung einer Energieform in eine andere der ursprüngliche Exergiegehalt nur im Idealfall erhalten werden kann, in der Realität aber immer abnehmen wird: Die Energie wird von Umwandlung zu Umwandlung mehr und mehr entwertet.

Der Verkehrsbereich benötigt hochwertige mechanische Energie, die nur aus elektrischer oder chemischer Energie (in Form von Kraftstoffen) gewonnen werden kann. Auch der Informations- und Kommunikationsbereich kann nur mit elektrischer Energie versorgt werden. Prozesswärme mit Temperaturen von 250 °C und mehr für Industrie und Gewerbe benötigt ebenfalls fossile Brennstoffe oder elektrische Energie. Anders schaut es dagegen bei der Raumheizung aus, wie Abb. 1.6 zeigt. Dort wird zwar sehr viel Energie verbraucht, tatsächlich aber nur wenig Exergie benötigt.

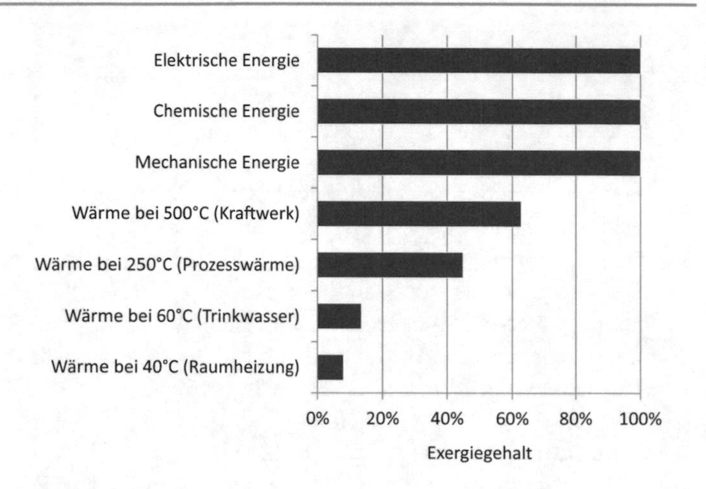

Abb. 1.6 Der Exergieanteil ist ein Maß für die Qualität unterschiedlicher Energieformen

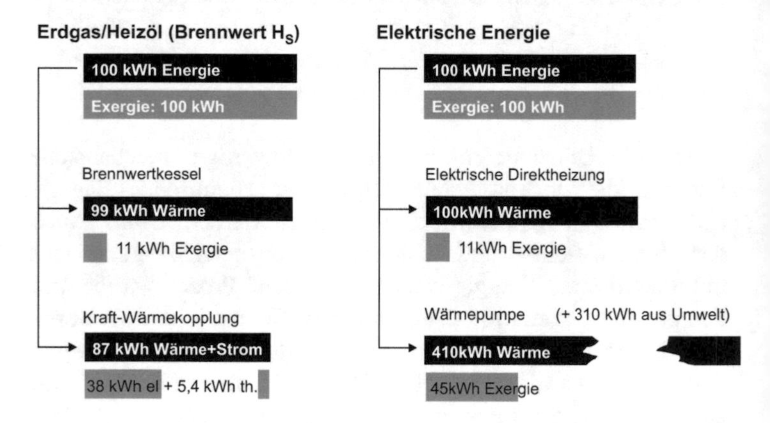

Abb. 1.7 Energetische und exergetische Nutzungsgrade bei der Raumheizung (Temperaturniveau: 50 °C)

Die Exergie der Wärme

Erdgas, Heizöl und auch elektrische Energie haben einen Exergieanteil von 100 %, in 100 kWh Energie finden sich also auch 100 kWh Exergie, wie Abb. 1.7 zeigt. Im Brennwertkessel und bei der elektrischen Direktheizung können zwar nahezu 100 % des Energiegehalts genutzt werden, es werden aber 89 kWh Exergie vernichtet, da Heizungswasser von 50 °C nur einen Exergieanteil von 11 % aufweist. Eine Erdsonden-Wärmepumpe dagegen stellt aus 100 kWh elektrischer Energie ganze 410 kWh Raumwärme bereit, indem sie zusätzliche 310 kWh Energie aus der Umgebung auf das gewünschte Temperaturniveau anhebt. Bei diesem hocheffizienten Prozess bleiben immerhin noch 45 % der eingesetzten Exergie erhalten. Solarthermische Anlagen erzeugen aus 100 kWh elektrischer Energie (zum Betrieb der Umwälzpumpen) sogar 7000 kWh Wärme und mehr! Mit Kraft-Wärmekopplung (der Nutzung der bei der Stromerzeugung aus Verbrennungsprozessen entstehenden Abwärme) werden aus 100 kWh des Brennstoffs im Schnitt 87 kWh Energie als Strom und Wärme nutzbar gemacht, deren Exergiegehalt in der Summe immer noch 43,4 kWh beträgt.

Mit dem Wissen zur Exergie muss festgestellt werden: Der Energiebedarf zur Raumheizung und zur Trinkwassererwärmung sollte vorrangig mit niederexergetischen erneuerbaren Energien wie Solarthermie, Geothermie und Umweltwärme gedeckt werden, da der Einsatz hochexergetischer fossiler Brennstoffe eine Verschwendung ist. Würden nur 30 % der Endenergie zur Trinkwassererwärmung über Solarthermie bereitgestellt, könnten in Deutschland pro Jahr fast 40 TWh fossile Endenergie eingespart werden – das wären ca. 4 Mrd. Liter Heizöl oder 4 Mrd. m^3 Erdgas pro Jahr – unser Güterzug mit der Steinkohle würde damit rund 70.000 Wagen weniger Kohle transportieren müssen!

1.3 Wie heizen wir morgen?

Natürlich gibt es bereits Überlegungen und Vorschläge, wie der enorme (und wie gerade gesehen unnötige) Verbrauch fossiler Energie im Wärmebereich zukünftig verringert werden kann.

Das Fraunhofer-Institut für Solare Energiesysteme ISE aus Freiburg hat zu Beginn des Jahres 2020 eine Studie erstellt, die „Wege zu einem klimaneutralen Energiesystem“ bis zum Jahr 2050 aufzeigt [27]. Gegenüber dem Vergleichswert von 1990 müssen die CO_2-Emissionen dann um 95 Prozent reduziert sein. Dieses Ziel soll mit minimalen Investitionen und Kosten für den Umbau des gesamten Energiesystems erreicht werden.

Das Fraunhofer ISE unterscheidet vier Szenarien, die unterschiedliche gesellschaftliche Verhaltensweisen abbilden. So zeichnen die Varianten „Beharrung“ und „Inakzeptanz“ die Wege bei starkem Widerstand in der Bevölkerung gegen die Energiewende nach. Das Szenario „Suffizienz“ geht davon aus, dass sich in der Gesellschaft eine deutliche Verhaltensänderung durchsetzt und der Energieverbrauch des Landes deutlich sinkt. Das Szenario „Referenz“ beschreibt den Weg ohne größere positiv oder negativ wirkende Maßnahmen – so steigen Verkehrsleistung und der Zubau von beheizten Gebäudeflächen wie bislang weiter an.

Abb. 1.8 zeigt die Heizungstechniken, die in den Jahren 2030 und 2050 nach Ansicht des Fraunhofer ISE die Wärme im Gebäudesektor bereitstellen. Der gesamte Endenergieverbrauch zur Bereitstellung von Raumwärme und zur Trinkwassererwärmung wird von heute rund 760 TWh durch Sanierung bestehender Gebäude je nach eingeschlagenem Weg auf 576 bis 631 TWh zurückgehen.

Im Jahr 2050 wird kein Heizöl mehr verbrannt, auch der heute noch mit über 50 % dominierende Energieträger Erdgas wird abhängig vom Szenario nur noch 2 bis 8 % decken. Dagegen versorgen 2050 Wärmenetze und Elektrowärmepumpen die Gebäude mit jeweils 20 bis 40 %.

Sehr deutlich ist die Verdrängung von Heizöls bis 2030 und bis 2050 auch von Erdgas zu sehen. Der Anteil regenerativer Energien im Wärmebereich (Erdwärme, Solarthermie, Biomasse)

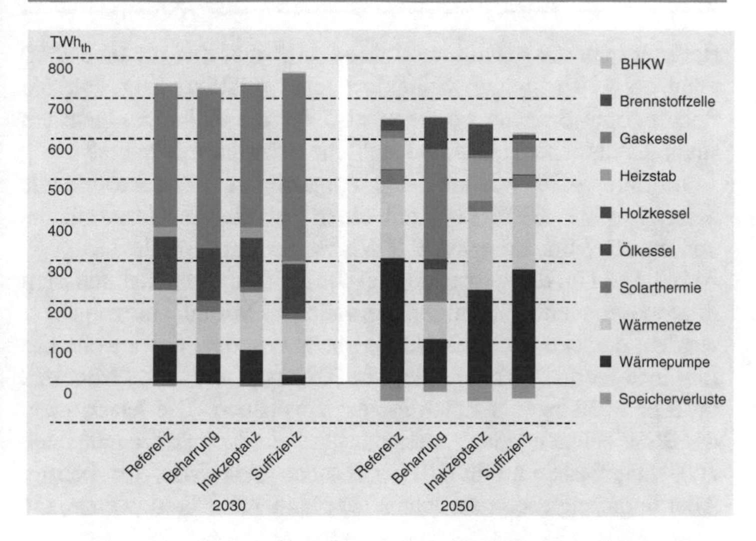

Abb. 1.8 Bereitgestellte Wärme im Gebäudesektor in den Jahren 2030 und 2050, unterteilt nach Heizungstechniken, Fraunhofer ISE [27]

wird bis 2030 auf 16 % anwachsen und 2050 bei knapp 50 % liegen. Der Anteil der Biomasse wird sich ab 2030 praktisch nicht mehr verändern, da spätestens dann die ökologischen Potentialgrenzen erreicht sind – die Diskussion „Teller oder Tank“, also Biomasse für Nahrung oder Energie, wird schon heute immer wieder geführt.

1.4 Wo steht die Solarthermie heute?

Die Solarthermie wird 2050 nach den Berechnungen des Fraunhofer ISE [27] rund 45 TWh Wärme erzeugen, in einem der untersuchten Szenarien sogar fast 80 TWh. Rund ein Drittel davon wird über Wärmenetze bereitgestellt. Zur Bereitstellung von Prozesswärme sind in Industrie und Gewerbe weitere Solarthermieanlagen mit einer Spitzenleistung von 15 GW installiert.

Rechnet man die genannten Zahlen um,[3] müssten im Jahr 2050 mehr als 130 Mio. m² Kollektorfläche installiert sein. Für die Solarthermie-Branche bestehen also für die Zukunft eigentlich sonnige Aussichten. Aber wo steht die Solarthermie heute?

Im Jahr 2019 wurden nach Angaben des Bundesverbands Solarwirtschaft BSW [16] mit einer installierten Gesamtfläche von ca. 21 Mio. m² rund 9 TWh Solarwärme produziert (vgl. Abb. 1.9).[4] Um das gesteckte Ziel für 2050 zu erreichen, müssten in den kommenden 30 Jahren mehr als 110 Mio. m² hinzu gebaut werden, das entspricht einem Zuwachs von 6 % der jeweils pro Jahr installierten Fläche. Allein in 2020 wären also 1,3 Mio. m², im Jahr 2030 bereits 2,3 Mio. m² zuzubauen. Die Marktdaten des BSW belegen jedoch, dass der jährliche Kollektorzubau nach 2008 stagnierte und in 2019 nur noch 0,51 Mio. m² betrug. Allerdings zeigte sich im Jahr 2020 eine leichte Trendwende, die

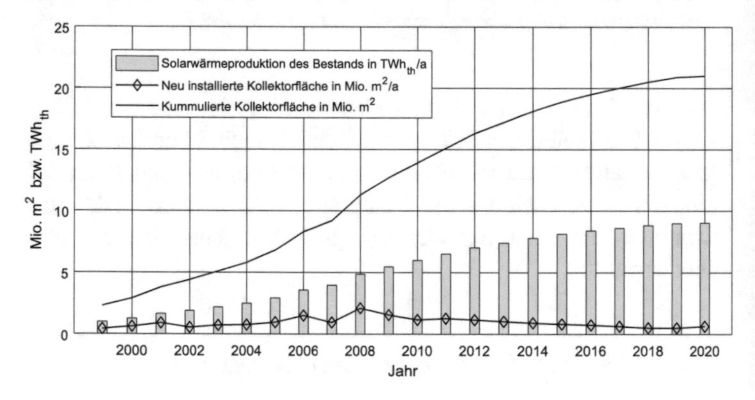

Abb. 1.9 Entwicklung des Solarkollektor-Marktes in Deutschland seit 1999, nach [14, 15, 16]

[3]Berechnung mit Annahme eines durchschnittlichen flächenspezifischen Ertrags von 400 kWh/(m²a) und bzw. einer Spitzenleistung von 0,7 kW/m² Kollektorfläche.

[4]Zur Berechnung dieser Zahl wurde ein solarer Ertrag von 430 kWh je m² Kollektorfläche angesetzt.

auf die Neugestaltung des Marktanreizprogramms MAP zurückgeführt wird.

Warum wurden in den letzten Jahren nicht mehr Solaranlagen gebaut? Dazu hat man sich in der Branche schon viele Gedanken gemacht und eine Vielzahl von Ursachen gefunden. Die wahrscheinlichsten sind nach Meinung der Autoren:

- Eine Solaranlage mindert die Endabrechnung für Heizöl bzw. Erdgas um einige Hundert Euro pro Jahr – meist überdecken aber Energiepreissteigerungen und Witterungsschwankungen diese Einsparung und machen sie „unsichtbar“. Eine Photovoltaikanlage dagegen „verdient“ Monat für Monat Bargeld, das dem Bankkonto gutgeschrieben wird. Die Trendumkehr nach Änderungen des MAP in 2020 zeigen, dass die Solarthermie stärkere finanzielle Anreize (Zuschüsse) benötigt oder ordnungspolitische Vorgaben (z. B. Solarthermiepflicht bei Neubau und Heizungserneuerung), vor denen die Politik aber noch immer zurückschreckt.
- Die Installation einer Solarthermieanlage erfordert einen Installateur mit viel Fachwissen und einen Kunden mit Idealismus: Besonders die Einbindung in das Heizsystem ist zeit- und arbeitsintensiv und muss vorher sorgfältig geplant werden. Das nachträgliche Verlegen der wärmegedämmten Kollektorkreisleitungen vom Heizungskeller durch die Wohnung bis hinauf zum Dach ist oft nur schwierig und mit viel Dreck zu realisieren. Für die dünnen Stromkabel der PV-Anlage dagegen findet sich oft noch ein ungenutztes Leerrohr. Die Solarthermie hat daher vor allem im Gebäudebestand Akzeptanzprobleme.

Trotz dieser Hemmnisse kann eine Solarthermieanlage schon heute kostendeckend arbeiten. Fachgerecht installierte Anlagen erreichen eine Lebensdauer von nachweislich 25 Jahren und mehr. Dieses Buch soll dabei helfen, die Technik der Solarthermie besser zu verstehen und deren Vorzüge zu erkennen. Es lohnt sich also, weiterzulesen.

2 Grundlagen

Was ist eigentlich Solarenergie? Und wie kann sie nutzbar gemacht werden? Das folgende Kapitel erklärt die physikalischen Hintergründe elektromagnetischer Strahlung und Strahlungswandlung. In Photovoltaikmodulen wird durch Nutzung des sog. Photoeffekts elektrische Energie direkt gewonnen, bei der photothermischen Wandlung in Solarkollektoren entsteht aus der Energie der Photonen thermische Energie. Diese wird in solarthermischen Anlagen als Wärme genutzt oder in solarthermischen Kraftwerken weiter in elektrische Energie gewandelt.

2.1 Solarenergie

Energie bezeichnet man als erneuerbar oder regenerativ, wenn sie sich von selbst und innerhalb menschlicher Zeitmaßstäbe erneuert. Regenerative Energieträger stehen damit im Gegensatz zu den fossilen und nuklearen Energieträgern, die sich über geologische Prozesse in Jahrmillionen gebildet haben und deren Nutzung zu einer stetigen Abnahme führt. Bei der Nutzung fossiler Energieträger wird zudem Kohlenstoffdioxid freigesetzt, dessen Abgabe in die Atmosphäre wesentlich zum Treibhauseffekt beiträgt.

T. Schabbach, P. Leibbrandt, *Solarthermie*, Technik im Fokus,
https://doi.org/10.1007/978-3-662-59488-9_2

Die größte Bedeutung kommt der Solarenergie zu, auf die sich die meisten regenerativen Energieträger zurückführen lassen: die mechanische Energie von Wind und Wasser, die in Biomasse gespeicherte chemische Energie und natürlich die Energie der elektromagnetischen Strahlung selbst.

Was ist eigentlich Energie?
Energie ist eine physikalische Größe, die den Zustand eines abgegrenzten räumlichen Bereichs, eines Systems, beschreibt. Sie ist eine Erhaltungsgröße, da Energie weder vernichtet noch erzeugt werden kann. Im mechanischen Sinn ist Energie die Fähigkeit eines Systems Arbeit zu verrichten.

Die Standard-Einheit der Energie ist das *Joule*, in der Praxis wird aber meistens die *kWh* (Kilowattstunde, 1 kWh entspricht 3,6 Mio. Joule) verwendet. Größere Energiemengen werden in MJ („Mega", 10^6 J), GJ („Giga", 10^9 J) oder TJ („Tera", 10^{12} J) angegeben. In der Energietechnik verwendet man gerne die Einheiten MWh, GWh und TWh.

Mit einer kWh mechanischer Energie könnte ein Mittelklassewagen von 1,5 Tonnen Gesamtgewicht um 245 m in die Luft gehoben werden, eine kWh thermische Energie wird aber auch benötigt, um 1,5 kg Wasser von Umgebungstemperatur auf 100 °C zu erwärmen und dann vollständig zu verdampfen!

Strahlung und Materie

Solarstrahlung ist aus physikalischer Sicht elektromagnetische Strahlung wie die uns bekannte Gamma- oder Röntgenstrahlung, ebenso wie Mikrowellen oder auch Radiowellen. Die Aufteilung des gesamten Strahlungsspektrums (Abb. 2.1) erfolgt über die Wellenlänge, die bei Solarstrahlung den Bereich von 300 bis 3000 nm umfasst, bei Radiowellen z. B. dagegen 1 bis 10.000 m beträgt. Ein *nm* entspricht 10^{-9} m, einem Billionstel eines Meters.

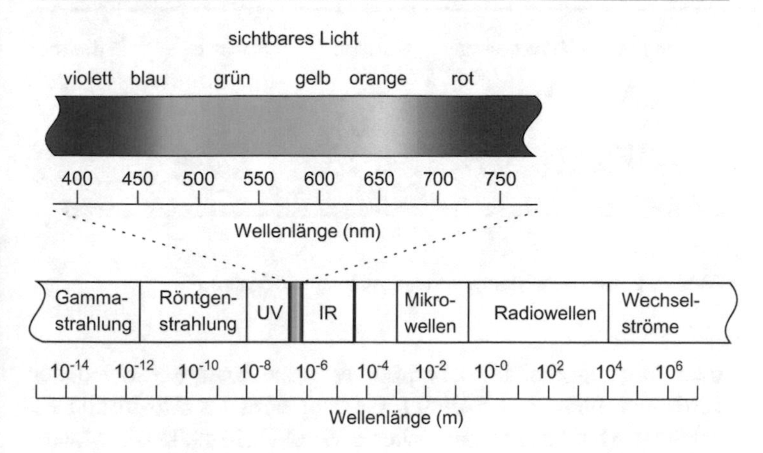

Abb. 2.1 Elektromagnetisches Strahlungsspektrum. Die Solarstrahlung umfasst den Wellenlängenbereich des sichtbaren Lichts sowie Teile der UV-Strahlung und der Infrarotstrahlung

Der für das menschliche Auge sichtbare Strahlungsbereich mit Wellenlängen von 380 bis 780 nm wird als Licht bezeichnet, die einzelnen Frequenzbereiche bilden die Spektralfarben. Das kurzwelligere und damit energiereichere ultraviolette (UV-) Licht begrenzt den sichtbaren Bereich auf der einen Seite, das langwelligere und energieärmere infrarote (IR-) Licht auf der anderen Seite.

Strahlung kann als Welle oder als Teilchen aufgefasst werden, beide Beschreibungsformen erklären jeweils nur einen Teil der beobachtbaren Phänomene. Bis weit in das 19. Jahrhundert dominierte die experimentell begründete Auffassung, dass Licht Wellencharakter habe. Erst 1905 erweiterte Einstein eine Theorie Plancks und führte damit den Teilchencharakter von Strahlung in die Wissenschaft ein – demnach trägt ein Lichtquant oder Photon eine genau definierte Energie mit sich, die mit größerer Wellenlänge abnimmt.

Was passiert nun, wenn Solarstrahlung auf einen Gegenstand, z. B. auf eine Metallfläche trifft? Es gibt mehrere Möglichkeiten, wie Abb. 2.2 zeigt: Das Photon überträgt beim Kontakt mit einem Atom des Metalls seine Energie entweder vollständig

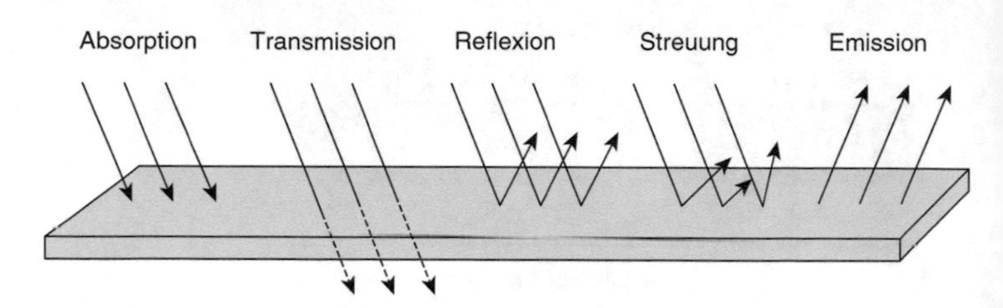

Abb. 2.2 Wechselwirkungen von Strahlung und Materie

oder überhaupt nicht. Überträgt es seine Energie, so existiert es danach nicht mehr, dieser Vorgang wird als *Absorption* bezeichnet. Das Photon kann aber auch ohne Kontakt die Materie durchdringen (*Transmission*), wie es bei Fensterglas vornehmlich der Fall ist. Als dritte Möglichkeit existiert die *Reflexion*, das Zurückwerfen des Lichtteilchens. Es wird z. B. bei Metallflächen je nach Oberflächenbeschaffenheit „spiegelnd" reflektiert oder in die Umgebung gestreut.

Treffen nun viele Photonen auf eine Oberfläche, so treten mehrere der beschriebenen Effekte zugleich auf, Absorption und Reflexion bei strahlungsundurchlässigen Oberflächen wie Metall oder Holz, Absorption und Transmission bei strahlungsdurchlässigen Materialien. Ein kleiner Teil der Photonen im Fensterglas absorbiert, das Fensterglas erwärmt sich also leicht, der Großteil der Photonen wird aber transmittiert.

Findet eine Absorption statt, so kann die durch das Photon übertragene Energie die Bewegungsenergie des Atoms in der Oberfläche des Materials erhöhen oder seinen inneren Zustand verändern. Im ersten Fall führt die Zunahme der inneren Energie zu einer Erwärmung des Materials, wie bei der solarthermischen Anwendung. Im zweiten Fall werden beispielsweise Elektronen aus ihrer Bindung gelöst und stehen für einen Ladungstransport zur Verfügung, dieser Vorgang findet in einer Photovoltaikzelle statt. Anhand ihres Absorptionsverhaltens unterscheidet man schwarze, weiße, graue und selektive Stoffe. Schwarze Stoffe zeichnen sich durch eine vollständige Absorption, weiße Stoffe durch eine vollständige Reflexion aller auftreffenden Photonen aus. Graue Stoffe weisen eine gleichmäßige aber nicht vollständige Absorption auf, wohingegen selektive Stoffe Photonen nur aus bestimmten Spektralbereichen absorbieren. Schwarze, weiße und graue Körper stellen Idealisierungen dar, reale Körper weisen selektives Verhalten auf.

Sämtliche Materie besitzt zudem die Eigenschaft, in Abhängigkeit ihrer Temperatur und ihrer Oberflächenbeschaffenheit Energie in Form elektromagnetischer Strahlung auszusenden. Diese thermische *Emission* von Photonen (Abb. 2.2, ganz rechts) stellt eine Umkehrung des Absorptionsprozesses dar.

Die Sonne als Strahlungsquelle

Die Sonne ist ein Himmelskörper, der aus extrem heißem Plasma besteht. Sie erzeugt durch Fusionsprozesse in ihrem Inneren Energie, die durch unterschiedliche Transportmechanismen an die Oberfläche weitergereicht und dort in Form von Strahlung in das Weltall abgegeben wird. 90 % der Energieerzeugung findet dabei im Kern statt, der ein Viertel des Sonnendurchmessers einnimmt. Dort herrschen Temperaturen von 13 bis 15 Mio.°C. Der Energietransport vom Kern nach außen erfolgt zunächst durch energiereiche Strahlung, insbesondere im Röntgen- und Gammastrahlungsbereich des Spektrums. Die äußerste Sonnenschicht, die Photosphäre, ist nur einige hundert Kilometer dick. In ihr fällt die Temperatur relativ steil auf eine durchschnittliche Oberflächentemperatur von etwa ca. 5500 °C ab. Von hier aus erfolgt die Abstrahlung in den Weltraum. Die Strahlungsintensität, d. h. die auf die Fläche bezogene Strahlungsleistung, verringert sich mit dem Quadrat der Entfernung von der Sonne.

Abb. 2.3 zeigt die wellenlängenabhängige Verteilung der Strahlungsintensität der Solarstrahlung außerhalb der Atmosphäre und am Erdboden (und damit ihres Energiegehaltes): Beim Durchgang durch die Erdatmosphäre werden bestimmte Wellenlängenbereiche v. a. von CO_2 und H_2O durch Absorption abgeschwächt, die energiereiche UV-Strahlung wird von Ozon nahezu vollständig absorbiert. In der Erdatmosphäre finden zudem Reflexions- und Streuprozesse statt, die aus der gerichteten Einstrahlung ungerichtete Strahlung entstehen lassen. Der

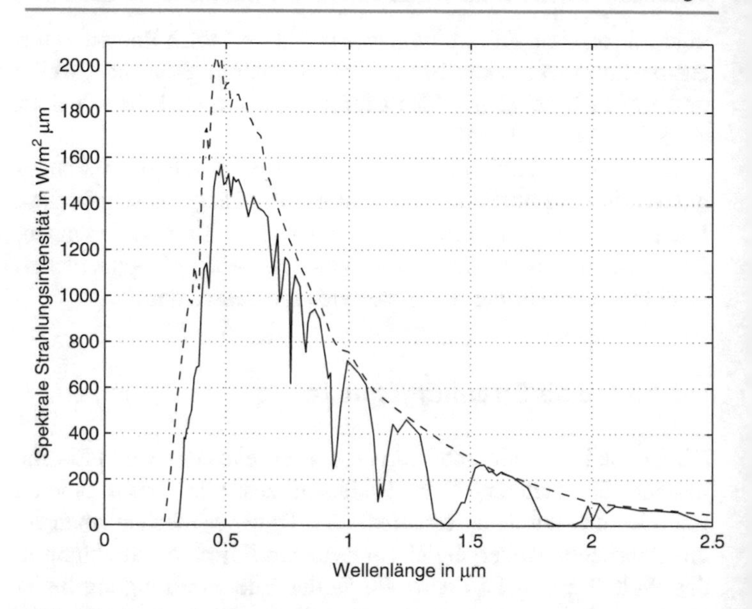

Abb. 2.3 Spektrale Verteilung der Solarstrahlung außerhalb der Erdatmosphäre und am Erdboden

ungerichtete Anteil wird als *Diffusstrahlung*, der gerichtete Anteil als *Direktstrahlung* bezeichnet. Die Summe dieser beiden Anteile ergibt die auf der Erdoberfläche messbare *Globalstrahlung*.

Bei der Streuung von Sonnenstrahlung in der Atmosphäre unterscheidet man zwei Streumechanismen: Rayleigh-Streuung an Molekülen und Mie-Streuung an Aerosolen (feste und flüssige Schwebeteilchen) und an Staubpartikeln. Aufgrund der Wellenlängenabhängigkeit werden die Spektralanteile kurzer Wellenlänge deutlich stärker gestreut als die langer Wellenlänge, damit ist das „himmelblau" zu erklären. Aus dem gleichen Grund erscheint uns die Sonne beim Auf- oder Untergang rot: Beim längeren Weg durch die Atmosphäre am Morgen und Abend wurde ein Großteil der kurzwelligen Photonen „herausgestreut", die beim Betrachter eintreffende Strahlung erscheint aufgrund des Fehlens des blauen Anteils nicht mehr weiß, sondern rot.

Summiert man die Energie aller auf die Erdatmosphäre treffenden Photonen über die Wellenlänge auf, so beträgt der Wert im Jahresmittel 1367 W/m^2. Diese auch als Solarkonstante bezeichnete Größe variiert um bis zu einem halben Prozent aufgrund der elliptischen Form der Erdbahn um die Sonne und auch aufgrund von Schwankungen der Oberflächentemperatur der Sonne. Die gesamte auf die Erde einfallende Strahlungsleistung lässt sich zu $1{,}74 \cdot 10^{17}$ Watt berechnen. Dies entspricht einer Energie von $1{,}53 \cdot 10^{18}$ kWh pro Jahr. Im Vergleich dazu lag der weltweite Bedarf an Primärenergie im Jahr 2009 bei etwa $1{,}43 \cdot 10^{14}$ kWh, d. h. bei etwa einem Zehntausendstel. Bilanziell sollte es also ein Leichtes sein, den Energiehunger der Welt allein aus solarer Quelle zu decken, aber so einfach ist es natürlich nicht.

Für einen Beobachter auf der Erde stellt sich die Sonnenbahn im Tagesverlauf als Kreisbogen um die Erdachse dar. Der Zeitpunkt, zu dem die Sonne mittags genau im Süden steht, wird als 12.00 Uhr Solarzeit bezeichnet. Da die Erdrotation im Jahresverlauf (bedingt durch den veränderlichen Abstand Sonne-Erde) etwas ungleichmäßig ist, verläuft die Solarzeit nicht ganz gleichmäßig. Entsprechend weicht die gesetzliche Zeit (MEZ = Mitteleuropäische Zeit), die wir im Alltag verwenden und mit Uhren „messen“, von der Solarzeit ab, im Frühjahr um bis 30 min, im Herbst nur wenige Sekunden.

Strahlungsangebot auf der Erde

Das konkrete Strahlungsangebot auf der Erdoberfläche hängt neben den beschriebenen Atmosphäreneinflüssen von einer Reihe weiterer Größen ab: dem geografischen Ort, beschrieben durch den Breitengrad, dem Tag, der Uhrzeit und vor allem vom Wolkenbild. Einstrahlungsdaten sind auf der Basis meteorologischer Langzeitmessungen für viele Orte der Welt kartiert und häufig in Form von Wetterdatenbanken verfügbar. Gängige Programme zur Ertragsprognose von Solaranlagen bedienen sich solcher Datenbanken. Meist werden Einstrahlungsdaten als langjährige monatliche Mittelwerte erfasst.

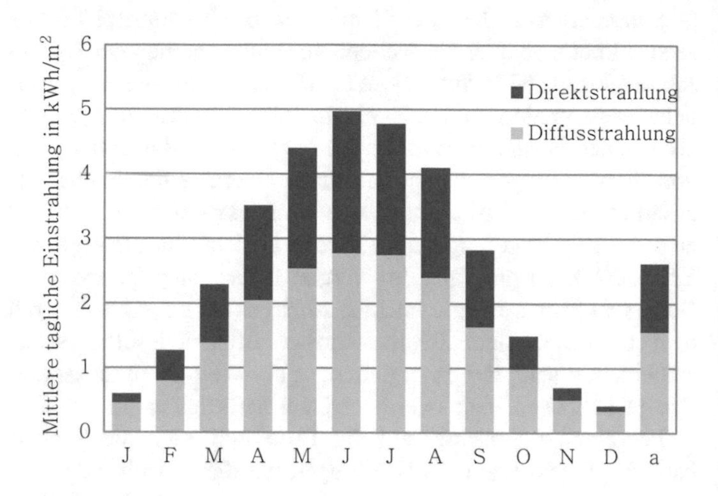

Abb. 2.4 Mittlere monatliche Tagessummen von Direkt- und Diffusstrahlung in Kassel für die einzelnen Monate und für das Jahr (a)

Abb. 2.4 zeigt beispielhaft für Kassel die mittlere tägliche Einstrahlung auf eine horizontale Fläche und ihre Aufteilung in einen direkten und einen diffusen Strahlungsanteil. So fällt an einem durchschnittlichen Oktobertag eine Strahlungsenergie von etwa 1,5 kWh auf einen Quadratmeter. Davon entfallen etwa ein Drittel auf Direkt- und zwei Drittel auf Diffusstrahlung. Die in Abb. 2.4 gezeigte Aufteilung ist weitgehend typisch für Deutschland: Die mittlere Einstrahlung in den Wintermonaten liegt annähernd eine Größenordnung unter der der Sommermonate, wobei der diffuse Strahlungsanteil überwiegt.

Multipliziert man das Tagesmittel der Globalstrahlung, für Kassel 2,62 kWh/m^2, mit den 365 Tagen des Jahres, ergibt sich eine auf die horizontale Fläche einfallende Jahressumme von 956 kWh/m^2. Um die einfallende Sonnenstrahlung mit einem Solarkollektor möglichst gut ausnutzen zu können, ergeben sich für die beiden Strahlungsanteile unterschiedliche Anforderungen: Um die direkte Strahlung optimal zu nutzen, müsste man den Kollektor kontinuierlich der Sonne nachführen. Dem gegenüber fällt die diffuse Strahlung annähernd gleichmäßig aus dem gesamten Himmelshalbraum ein und wird daher mit einer horizontalen Ausrichtung am besten ausgenutzt. Einfache Solarkollektoren ohne Strahlungskonzentration werden aus Kostengründen mit einer festen Ausrichtung aufgestellt. Kollektoren mit Spiegel- oder Linsensystemen müssen dagegen nachgeführt werden, da sich nur direkte Strahlung konzentrieren lässt. Bei einer festen Neigung des Kollektors um etwa 30° nach Süden kann die maximale Jahressumme der Globalstrahlung erzielt werden, die in Kassel dann etwa 1030 kWh/m^2 beträgt.

2.2 Strom aus Solarenergie

Aus Sonnenenergie kann elektrische Energie oder thermische Energie gemacht werden. Zur Umwandlung in elektrische Energie stehen zwei grundsätzlich verschiedene Verfahren zur Verfügung, das solarthermische Kraftwerk und die bekannte Photovoltaik. Mit letztgenannter wollen wir uns als Erstes befassen.

Photovoltaik bezeichnet die direkte Umwandlung solarer Strahlungsenergie in elektrische Energie mittels Solarzellen. Abb. 2.5 beschreibt – stark vereinfacht – die Funktionsweise einer Solarzelle. Man stelle sich die solare Strahlung als stetigen Strom von Lichtquanten (Photonen) vor, die in die Oberfläche der Zelle eindringen. Jedes Photon besitzt eine bestimmte Menge an Energie, die von dem Zellenmaterial absorbiert werden kann. Häufig genügt die zugeführte Energiemenge, um die Bildung frei beweglicher Ladungsträger anzuregen. Dies sind zum einen aus den Atomhüllen gelöste Elektronen mit negativer Elementarladung, zum anderen „Fehlstellen" oder „Löcher" mit positiver Elementarladung, die durch das Entfernen der Elektronen entstanden sind.

Ein durch gezielte Verunreinigungen innerhalb des Zellmaterials im Herstellungsprozess (Dotierung) aufgebautes inneres elektrisches Feld trennt die durch die Strahlungsabsorption gebildeten Ladungsträger: die negativ geladenen Elektronen werden in Richtung der Zellvorderseite, die positiv geladenen Elektronenlöcher werden in Richtung der Zellrückseite beschleunigt. Rekom-

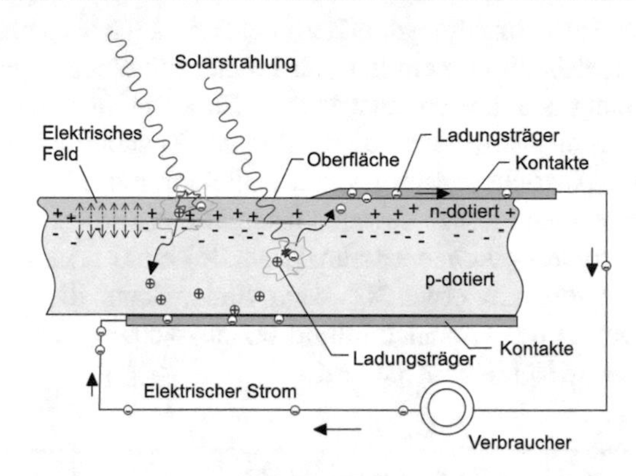

Abb. 2.5 Stark vereinfachtes Modell einer kristallinen Solarzelle

binationsprozesse und Diffusionsvorgänge wirken dem entgegen, sodass nur ein Teil der Ladungsträger bis an die Oberflächen des Halbleiters gelangt und dort eine Spannung aufbaut. Verbindet man die beiden Oberflächen mittels geeigneter Kontaktierungen leitend, so stellt sich ein Stromfluss ein, der in einem elektrischen Verbraucher Arbeit verrichten kann.

Photovoltaik-Anlagen sind in der Lage, Energie aus dem solaren Strahlungsspektrum zwischen 300 nm und etwa 1100 nm in elektrischen Strom zu wandeln, die elektrische Leistung der Solarzelle steigt proportional mit der Einstrahlungsleistung.

Der Wirkungsgrad von Serienprodukten liegt je nach Zelltyp zwischen 9 % bei Dünnschichtphotovoltaikmodulen aus amorphen Silizium, 16 % bei CIGS-Dünnschichtphotovoltaikmodulen und 18 % bzw. 22 % bei polykristallinen bzw. monokristallinen Siliziumsolarmodulen.

Praxiswerte

In Deutschland werden auf eine horizontale Fläche von 1 m^2 im Jahresmittel etwa 900 bis 950 kWh eingestrahlt, an einem Tag im Sommer etwa 5 kWh/m^2, im Winter nur rund 0,5 kWh/m^2. Wenn die Module in einem Neigungswinkel von ungefähr 30° in Südrichtung aufgestellt werden, beträgt die Jahressumme der Einstrahlung etwa 10 % mehr, also rund 1000 kWh/m^2.

Eine Photovoltaik-Anlage mit einer Nennleistung von 1 kW „erntet" im Jahr etwa 1000 kWh elektrische Energie und benötigt dafür eine Modulfläche von 6 bis 20 m^2, je nach Zelltyp bzw. Wirkungsgrad. Als einfache Fausformel gelten: $1\ kW_p \approx 10\ m^2$.

Bezogen auf die Nennleistung arbeitet das PV-Modul also mit durchschnittlich 1000 Vollbenutzungsstunden ($1\ kW \cdot 1000\ h/a = 1000\ kWh/a$). Um eine gegenseitige Verschattung zu vermeiden, sind die Modulreihen in einem Abstand etwa der dreifachen Modulhöhe gegeneinander versetzt installiert. Je kW wird bei Freiflächenanlagen eine Aufstellfläche von durchschnittlich 38 m^2 benötigt, wie bei [55] nachzulesen ist.

Elektrischer Strom kann aus Solarstrahlung nicht nur direkt durch Photovoltaik, sondern auch über den Zwischenschritt thermischer Energieerzeugung gewonnen werden. Aus dieser wird dann wie in einem konventionellen Kraftwerksprozess mit Verdampfer, Turbine, Kondensator und Generator elektrische Energie gewonnen. Die international übliche Bezeichnung für diese solarthermischen Kraftwerke lautet CSP – Concentrated Solar Power. Das erste Solarkraftwerk wurde bereits 1912 in Ägypten in Betrieb genommen, dazu mehr in Kap. 7 am Ende des Buches. Die Funktionsweise eines solarthermischen Kraftwerks ist im Abschn. 4.7 ausführlich erläutert.

2.3 Wärme aus Solarenergie

Ein solarthermischer Kollektor wandelt die einfallende Solarstrahlung nicht in elektrische, sondern in thermische Energie um. Für diese photothermische Wandlung wird der Solarabsorber benötigt, das Herzstück des Solarkollektors.

Der Vorgang soll anhand eines Flachkollektors erläutert werden: Die Abb. 2.6 zeigt diesen im Schnitt. Die direkte und diffuse Solarstrahlung trifft auf die obere Kollektorabdeckung aus hochtransparentem Solarglas und wird zum größten Teil (rund 90 %) transmittiert. Nur ein kleiner Anteil der Photonen wird vom Glas reflektiert (rund 8 %) bzw. absorbiert (2 %).

Etwa 95 % der vom Glas durchgelassenen Strahlung wird von dem speziell beschichteten Absorberblech absorbiert und in thermische Energie gewandelt. Die Absorberschicht mit einer Dicke von nur wenigen Zehntel Millimeter ist auf ein gut wärmeleitendes Kupfer- oder Aluminiumblech mit einer Stärke von 0,2 bzw. 0,5 mm aufgetragen. Das Absorberblech erwärmt sich und gibt über angeschweißte Fluidrohre aus Kupfer die thermische Energie als Wärmestrom an das darin zirkulierende Wärmeträgermedium ab. Dieses besteht meist aus einem Gemisch von Wasser und etwa 40 bis 50 % Frostschutzmittel, ergänzt um Inhaltsstoffe zum Korrosionsschutz.

Ein guter Solarkollektor kann 80 bis 85 % der eintreffenden Solarstrahlung in thermische Energie umwandeln. Leider

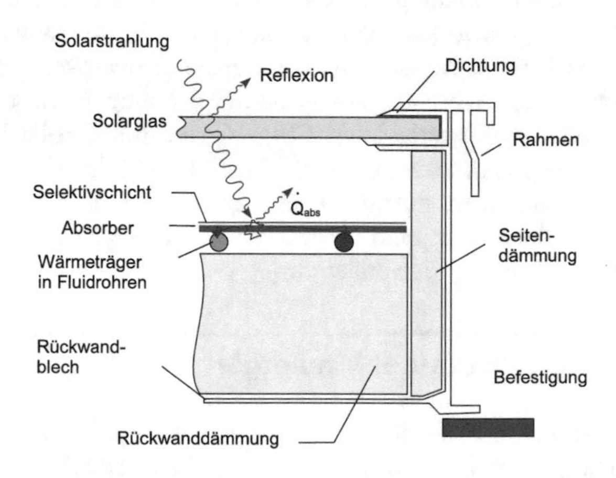

Abb. 2.6 Strahlungsabsorption im Solarkollektor

kann dieser absorbierte Wärmestrom $\dot{Q}_{abs}$ nicht vollständig genutzt werden. Durch das Aufheizen des Absorbers entsteht ein Temperaturgefälle zwischen Kollektorinnerem und Umgebung. Je größer diese Temperaturdifferenz ist, desto höher ist auch der Wärmeverluststrom $\dot{Q}_V$ an die Umgebung und entsprechend geringer der Nutzenergiestrom $\dot{Q}_{Nutz}$, der dem Kollektor entnommen werden kann.

Abb. 2.7 zeigt die verschiedenen Pfade, über die der Kollektor Energie verliert: Der Absorber selbst emittiert aufgrund seiner hohen Temperatur Wärmestrahlung, die nur zum Teil vom Glas zurückgehalten werden kann. Parallel dazu gibt er über Konvektion Energie an die Luft im Scheibenzwischenraum ab, die das Glas zusätzlich erwärmt.[1] Die Glasaußenseite und

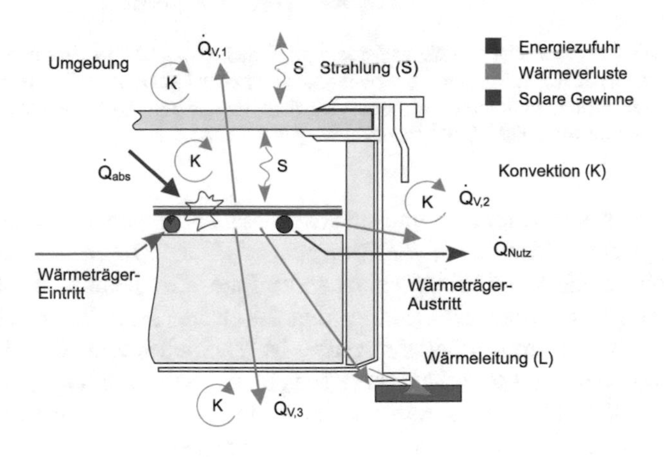

Abb. 2.7 Wärmeverlustpfade im Solarkollektor

[1]Man unterscheidet drei Varianten des Wärmetransports: Energietransport über elektromagnetische Strahlung (im Bild mit „S“ gekennzeichnet), konvektiver Transport (K) von einer festen Wand an eine Flüssigkeit oder ein Gas und zuletzt Wärmeleitung (L) zwischen benachbarten Molekülen.

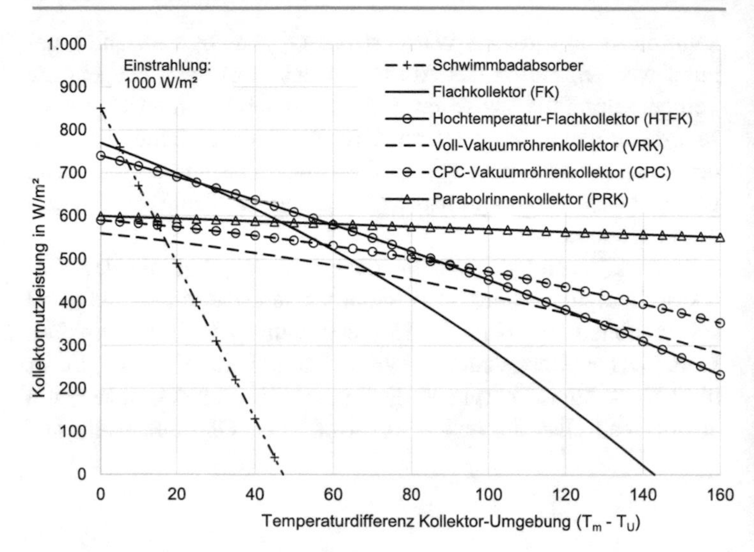

Abb. 2.8 Typische Kollektorleistungskennlinien $\dot{Q}_{Nutz}(\Delta T)$ in W/m^2 verschiedener Kollektortypen in Abhängigkeit von der Differenz ΔT zwischen Kollektormitteltemperatur T_m und Umgebungstemperatur T_U bei einer Einstrahlung von 1000 W/m^2 (Flächenbezug: Bruttofläche)

auch Kollektorrahmen und -rückseite schließlich geben ebenfalls konvektiv Energie an die Umgebungsluft ab. Dieser Vorgang wird durch Wind erheblich verstärkt. Eine Wärmedämmung auf der Absorberrückseite und zu den Seiten hin sorgt dafür, dass der Wärmestrom möglichst gering ist (nach oben zum Glas hin darf natürlich keine Dämmung sein, da die Solarstrahlung ja auf den Absorber treffen muss). Über Wärmeleitung wird nur wenig Verlustenergie an das Montagesystem transportiert.

In Abb. 2.7 ist die Energiebilanz für den Kollektor dargestellt: Die Kollektornutzleistung $\dot{Q}_{Nutz}$ ist die Differenz aus dem absorbierten Wärmestrom $\dot{Q}_{abs}$ und dem Gesamtwärmeverluststrom $\dot{Q}_V$ an die Umgebung. $\dot{Q}_{Nutz}$ muss offenbar von der Temperaturdifferenz zwischen Kollektorinnerem und Umgebung abhängig sein, so zeigt es auch Abb. 2.8. Als Kollektormitteltemperatur T_m wird die mittlere Temperatur aus Wärmeträgerein- und -austritt angenommen.

Abb. 2.8 zeigt, dass die Kollektor(nutz)leistung $\dot{Q}_{Nutz}$ bei den verschiedenen Kollektorbauarten sehr unterschiedliche Verläufe aufweist, entsprechend sind sie für bestimmte Anwendungen mehr oder weniger gut geeignet. Auf die Konstruktionsunterschiede und Einsatzbereiche der in der Abb. genannten Kollektortypen wird im folgenden Abschnitt vertiefend eingegangen.

Bezieht man die Kollektorleistung $\dot{Q}_{Nutz}$ auf die globale Einstrahlungsleistung in der Kollektorebene, erhält man den Kollektorwirkungsgrad η. Der bei einer Temperaturdifferenz von 0 K zwischen Kollektor- und Umgebungstemperatur erzielbare Wirkungsgrad wird als Konversionsfaktor bezeichnet.

3 Bauteile der Solaranlage

Schon in Abb. 1.3 auf S. 3 war zu sehen, dass eine Solaranlage nicht nur aus den Kollektoren besteht. Neben dem Wärmespeicher als Bindeglied zur konventionellen Anlagentechnik werden Wärmeübertrager, Umwälzpumpen, Rohrleitungen und eine Regelung benötigt. Das folgende Kapitel erläutert die Funktion und Bauarten der wichtigsten Komponenten.

3.1 Kollektoren

Abb. 2.8 zeigte den Leistungsbereich verschiedener Kollektorbauarten. Bei der Erwärmung von Badewasser in Freibädern liegt die angestrebte Nutztemperatur mit rund 25 °C in Höhe der Umgebungstemperatur, an heißen Sommertagen sogar darunter. Kollektoren zur Schwimmbadwassererwärmung werden daher vollständig ohne Wärmedämmung konstruiert. Sie bestehen nur aus einer vom Badewasser direkt durchströmten Absorbermatte aus Kunststoff. Bei der Trinkwassererwärmung und Raumbeheizung beträgt das Nutztemperaturniveau hingegen rund 40 bis 60 °C. Hier ist der Einsatz kostengünstiger Flachkollektoren sinnvoll. Im industriellen und gewerblichen Bereich wird häufig Prozesswärme benötigt: zum Reinigen, Spülen oder zum Betrieb thermischer Verdichter in Absorptionskältemaschinen. Die

T. Schabbach, P. Leibbrandt, *Solarthermie*, Technik im Fokus,
https://doi.org/10.1007/978-3-662-59488-9_3

Nutztemperaturen überschreiten in diesen Fällen schnell 80 bis 90 °C. Für diese Zwecke eignen sich Vakuumröhrenkollektoren, die in diesem Temperaturbereich einen höheren Wirkungsgrad erbringen. Diese Kollektortypen werden aus diesem Grund auch bei der teilsolaren Beheizung von Nah- und Fernwärmenetzen eingesetzt.

Bauarten

Die einfachsten volldurchströmten *Schwimmbadabsorber* zur Beckenwassererwärmung sind aus schwarz gefärbten Kunststoff-Rohrmatten gefertigt (Abb. 3.1).

Schwimmbadabsorber (oder: Niedertemperaturkollektoren) verfügen weder über eine Glasabdeckung noch über ein Gehäuse oder eine rückseitige Wärmedämmung und werden daher auch als unabgedeckte Kollektoren bezeichnet. Die Absorbermatten werden auf einem Dach oder einer Wiese montiert und direkt mit dem Beckenwasser durchströmt. Als Material eignet sich jeder Kunststoff, der UV-, hydrolyse-,

Abb. 3.1 Einfacher Schwimmbadabsorber aus Kapillarrohrmatten auf dem Dach eines kombinierten Frei- und Hallenbades

chlor- und dauertemperaturbeständig bis etwa 100 °C ist. Es kommen Polyethylen (PE), Polypropylen (PP), PVC und EPDM zum Einsatz. Die Leistung von Schwimmbadabsorbern ist laut Abb. 2.8 nur bei geringen Temperaturdifferenzen zur Umgebung hoch, bei höheren Beckenwassertemperaturen und gleichzeitig geringen Lufttemperaturen nimmt sie rapide ab.

PVT-Kollektoren sind eine Art Kombination von Schwimmbadabsorbern und den bereits beschriebenen Photovoltaikmodulen. Deren elektrische Leistung nimmt mit zunehmender Zelltemperatur ab, bei kristallinen Zellen um rund 0,5 % je K Temperaturerhöhung. Da dachinstallierte Module bei Sonneneinstrahlung und hohen Umgebungstemperaturen sich auf 60 °C und mehr erwärmen, ist der Gedanke naheliegend, durch Kühlung der Module die elektrische Energieausbeute zu erhöhen und die dabei gewonnene thermische Energie nutzbringend einzusetzen. Meist wird ein thermischer Absorber an die Rückseite eines handelsüblichen PV-Moduls angebracht. Hier gibt es unterschiedliche Varianten, z. B. kann ein geschwärztes Blech mit angebundenem Rohrregister (Harfe oder Mäander) oder eine durchströmte Kunststoffmatte wie bei einem Schwimmbadabsorber aufgeklebt sein. Abb. 3.2 zeigt einen PVT-Kollektor, der speziell für die Kombination mit Wärmepumpen entwickelt wurde.

Abb. 3.2 PVT-Kollektor der Fa. Consolar mit rückseitigem Umweltwärmetauscher

Da sie gleichzeitig Strom und Wärme erzeugen, werden sie als Hybridsolar- oder einfach PVT (photovoltaisch-thermisch)-Kollektoren bezeichnet. Die thermische Leistung entspricht in etwa der von Schwimmbadabsorbern. Sie sind am sinnvollsten in einer Kombination mit einer Wärmepumpe einzusetzen, diesen dienen sie als Wärmequelle und decken zugleich einen Teil des Strombedarfs, zumindest im Sommer und in den Übergangszeiten.

Der grundsätzliche Aufbau eines *Flachkollektors* wurde bereits in Abb. 2.6 dargestellt. Abb. 3.3 zeigt Kollektoren dieser Bauart in Freiaufstellung auf einem Flachdach, Abb. 3.4 ein Schnittmodell und einen Flachkollektor auf einem Leistungsprüfstand.

Die gut solarstrahlungsdurchlässige Abdeckung aus Glas schützt den Absorber von oben gegen Witterungseinflüsse und reduziert gleichzeitig die Wärmeverluste. Meist wird spezielles, gegenüber dem Fensterglas besonders eisenarmes Solarglas verwendet. Die Solargläser mancher Kollektoren sind mit einer zusätzlichen Antireflexschicht ausgestattet, die den Glastransmissionsgrad gegenüber den üblichen Werten von etwa 88 bis 90 % um ca. 3 bis 5 %-Punkte steigern. Der

Abb. 3.3 Flachkollektorfeld auf dem Dach des Fraunhofer ISE in Freiburg [39], (Foto: Fraunhofer ISE)

Abb. 3.4 Kollektorschnittmodell (links) und Flachkollektor auf einem Leistungsprüfstand (rechts)

Transmissionsgrad gibt an, welcher Anteil der Solarstrahlung das Glas durchdringt und damit im Kollektor nutzbar wird.

Ein Kollektorgehäuse aus Aluminiumrückwandblech und Aluminiumseitenprofilen gibt dem Kollektor Struktur, Festigkeit und Schutz vor Witterungseinflüssen. Nach unten und seitlich wird der Schutz gegen Wärmeverluste mit Mineralwolledämmung erreicht. Ein großer Anteil der Wärmeverluste wird vom Absorber selbst durch Abgabe thermischer Wärmestrahlung im nicht sichtbaren langwelligen Bereich durch die Glasscheibe verursacht. Abhilfe schafft eine besondere Ausführung der Absorberbeschichtung (Selektivbeschichtung), die durch einen speziellen Schichtaufbau die langwelligen Strahlungsverluste auf etwa 5 % des physikalisch möglichen Maximalwertes zu reduzieren vermag.

Die Standardbauform für Absorber in Flachkollektoren ist der Vollflächenabsorber, ein Blech mit einer Breite von bis zu 1200 mm, das vollautomatisiert mit einer Fluidrohrharfe oder einem Mäanderrohr verschweißt ist. Als Harfe, Abb. 3.5a, werden die 8 bis 12 parallelen, mit Sammler und Verteiler verbundenen Fluidrohre bezeichnet. Ein vielfach gebogenes Einzelrohr wie in Abb. 3.5b mit einem Rohrabstand von etwa 90 bis 120 mm heißt Mäander.

In den südlichen Ländern werden in abgedeckten Flachkollektoren vorwiegend teildurchströmte Flächenabsorber eingesetzt, vgl. Abb. 3.5c. Hierbei werden Fluidkanäle in dünne Edelstahl- oder Stahlplatten eingepresst, gegeneinander gelegt und dann

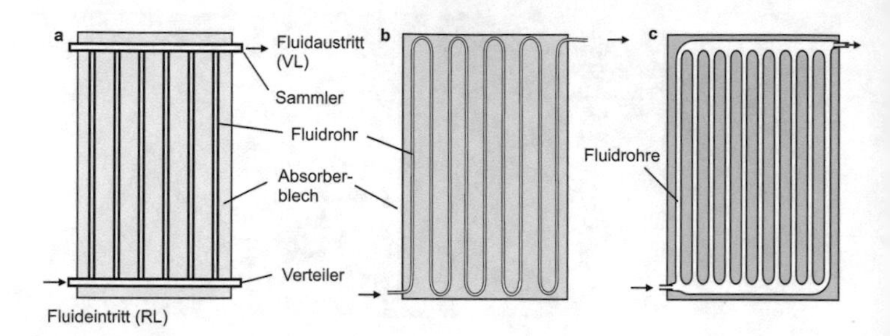

Abb. 3.5 Absorberhydrauliken. Harfenabsorber (**a**), Mäanderabsorber (**b**) und Rollbondabsorber (**c**)

mit einzelnen Schweißpunkten zusammengeheftet und am Rand verschweißt. Diese Herstelltechnik ist aus der Plattenheizkörperproduktion bekannt.

Ein handelsüblicher Flüssigkeits-Flachkollektor mit etwa 2 bis 2,5 m^2 Bruttofläche wiegt je nach Bauweise 35 bis 50 kg, gerade so viel, dass er von zwei Personen noch auf ein Hausdach gehoben werden kann. Großflächenkollektoren mit 6 bis 10 m^2 Kollektorfläche müssen so konstruiert sein, dass sie mit einem Kran gehoben werden können.

Bei Prozesswärmeanwendungen, vor allem aber beim Einsatz in Fernwärmesystemen kommen oft Hochleistungsflachkollektoren zum Einsatz. Die Verwendung einer Doppelglasabdeckung mindert die Wärmeverluste um etwa 20 %, allerdings sinkt der Konversionsfaktor trotz Einsatz von Antireflex-Beschichtungen um rund 10 %. In Dänemark wird bereits seit etwa 20 Jahren sehr erfolgreich ein Flachkollektor angeboten, in dem eine dünne Polymer-Folie (FEP oder ETFE) in den Zwischenraum zwischen Glasabdeckung und Absorber eingespannt ist. Der sehr hohe Transmissionsgrad der Folie mindert den Konversionsfaktor nur wenig, die konvektiven Wärmeverluste zwischen Absorber und Glas können dagegen um rund ein Drittel reduziert werden.

An den beiden Stirnseiten von Flachkollektoren befinden sich i. d. R. Belüftungsöffnungen, um einen Mindestluftaustausch zu gewährleisten. Damit wird sichergestellt, dass im Kollektor entstehende Feuchtigkeit abtransportiert wird. Das sich bei der Nachtauskühlung oftmals an der kalten Glasinnenseite niederschlagende Kondensat würde ansonsten die Isolation durchfeuchten und deren Dämmwirkung herabsetzen. Die Belüftungsöffnungen sind so zu verschließen, dass keine Schädlinge oder Schmutz in den Kollektor eindringen können.

Flachkollektoren
Ein guter marktüblicher Flachkollektor mit hochselektiver Beschichtung und einer Bruttofläche von 2 bis 2,5 m^2 kostet den Endkunden rund 550 bis 950 € (incl. MwSt.). Die spezifischen Kosten je m^2 betragen je nach Qualität und Leistungsfähigkeit etwa 270 bis 400 €/m^2. Bei Großflächenkollektoren sinken die spezifischen Kosten nur wenig, Einsparungen werden hier v. a. durch die geringeren Montage- und Verrohrungskosten erzielt. Sehr einfache Kollektoren mit günstiger Schwarzchrombeschichtung erreichen spezifische Kosten von weniger als 250 €/m^2.

Während beim „normalen" Kollektor der Absorber mit einer Flüssigkeit durchströmt wird, erwärmt der *Luftkollektor* einen Luftstrom. Luftkollektoren werden als Flach-, aber auch als Röhrenkollektor angeboten. Um bei der Bauart als Flachkollektor einen ausreichend hohen internen Wärmefluss zwischen Absorber und Fluid (hier Luft) zu erreichen, muss der Absorber mit Außenrippen versehen werden. Die Luft wird nicht in Rohren geführt, sondern in Luftkanälen zwischen transparenter Abdeckung und Absorber. Abb. 3.6 zeigt einen Luftkollektor, Abb. 3.7 dessen Schnittbild. Die Luftkollektoren werden stirnseitig zu langen Reihen verbunden und auf dem Dach bzw. an Fassaden befestigt.

Luftkollektoren sind besonders geeignet für die solare Heizungsunterstützung in Gewerbe- und Industriebauten mit raumlufttechnischen Anlagen, da die dem Gebäude zugeführte Frischluft in den Luftkollektoren direkt vorgewärmt werden kann. Eine

Abb. 3.6 Luftkollektor der Fa. Grammer Solar. Das PV-Modul treibt den im Kollektor integrierten Luftventilator an, [32]

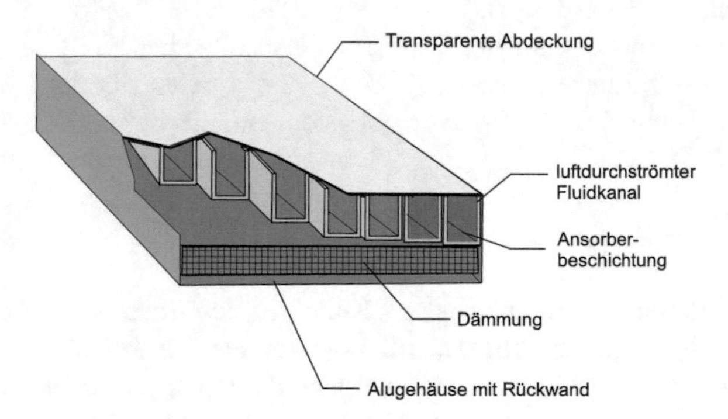

Abb. 3.7 Vereinfachte Schnittdarstellung eines Luftkollektors, [32]

weitere Einsatzmöglichkeit ist die solare Trocknung von z. B. Getreide oder Hackschnitzeln und der Einsatz in abgelegenen Jagd- und Berghütten, um dort eine Belüftung, eine Enfeuchtung und eine Mindestbeheizung zu gewährleisten (Off-Grid-Lösungen).

Der *Vakuumröhrenkollektor* (Abb. 3.8) setzt auf eine andere Form der Wärmedämmung: Er nutzt die Tatsache, dass Wär-

Abb. 3.8 Vakuumröhren unterschiedlicher Bauart. (**a**) CPC-Röhre mit Wärmeleitblech und Fluidrohr, (**b**) CPC-Röhre mit Blick auf den speziell geformten Reflektor, (**c**) CPC-Vakuumröhrenkollektorfeld, (**d**) Heatpipe-Anbindung mit Vollvakuumröhre, (**e**) Heatpipeanbindung einer CPC-Röhre, (**f**) CPC-Röhre

meleitung und Konvektion durch eine Teilevakuation, d. h. der Entfernung der Luftmoleküle aus einem geschlossenen Raum, nahezu vollständig unterdrückt werden. Der Absorber im Inneren einer Glasröhre gibt dann Energie nur noch in Form von Wärmestrahlung ab, die durch die Selektivbeschichtung minimiert ist. Röhrenförmige Gläser nehmen im Gegensatz zu Flachglas größere Kräfte auf und können damit ohne innere Stützen bei Teilevakuation dem äußeren Luftdruck standhalten.

In den Vollvakuumröhren werden Fluidrohre in U-Form oder Heatpipe-Rohre eingesetzt, auf die ein schmaler Streifen Absorberblech geschweißt ist. Das geschlossene Wärme- oder Heatpiperohr ist mit einer geringen Menge einer Wärmeträgerflüssigkeit mit niedrigem Dampfdruck gefüllt. Durch die Strahlungsabsorption am Absorberblech verdampft die Flüssigkeit und steigt nach oben. Außerhalb des Vakuumrohrs am Rohrende (dem Kondensator) wird die Energie auf den Kollektorkreis übertragen, die Flüssigkeit kondensiert und fließt in das Vakuumrohr zurück.

Eine technische Herausforderung stellen die Übergänge zwischen Glas- und Metallrohren dar, die dauerhaft dicht sein müssen. Zur Vermeidung dieses Problems hat man die kostengünstige Variante des Sydney-Röhrenkollektors entwickelt, bei der das Vakuum im Inneren eines Doppelglasrohres gezogen ist (Abb. 3.8). Die Außenseite der Innenröhre ist mit der Absorberbeschichtung (Bild a) versehen und durch das Vakuum optimal vor Witterungseinflüssen geschützt. Die Fluidrohre zur Abnahme der thermischen Energie sind mit Wärmeleitblechen versehen und in das offene Rohr eingeschoben. Ein speziell geformter Reflektor hinter den Röhren erhöht den Wirkungsgrad, indem er die Solarstrahlung auf die nicht direkt bestrahlte Rückseite des Innenrohres leitet. Der Reflektor gibt dieser Art von Kollektoren auch ihren Namen, CPC-Röhrenkollektor (compound parabolic collector).

Konzentrierende Kollektoren nutzen Spiegel oder Linsen, um die Sonneneinstrahlung auf einen Absorber zu konzentrieren. Auf deren Funktionsweise und Bau wird in Abschn. 4.7 vertiefend eingegangen. Da nur die Konzentration des direkten Strahlungsanteils der Sonne möglich ist, werden konzentrierende Kollektoren vor allem in Südeuropa und anderen Regionen mit hohem Direktstrahlungsanteil eingesetzt. Der Betrieb ist technisch anspruchsvoll, da sie der Sonne im Tages- und Wochenverlauf kontinuierlich nachgeführt werden müssen. Der Vergleich in Abb. 2.8 zeigt jedoch, dass Parabolrinnenkollektoren selbst bei Würzburger Witterungsbedingungen gerade bei hohen Temperaturen hohe Kollektorleistungen erzielen.

Kollektorkenndaten

Kollektorhersteller geben in ihren technischen Datenblättern eine Vielzahl von Kenndaten an, die ohne entsprechendes Hintergrundwissen unverständlich sind. Das nachfolgende Kapitel soll hier helfen.

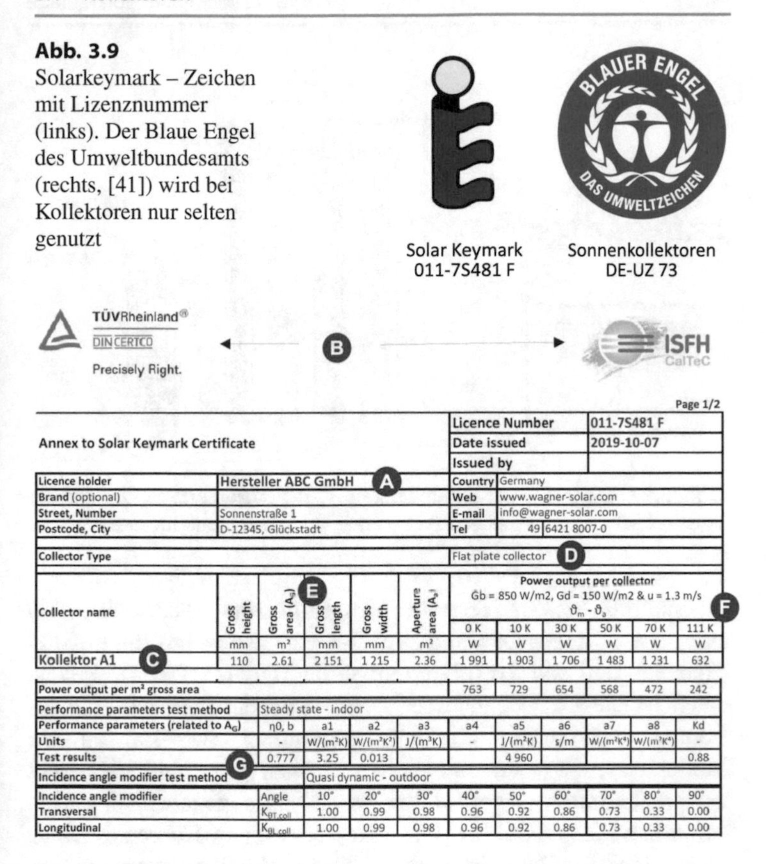

Abb. 3.9 Solarkeymark – Zeichen mit Lizenznummer (links). Der Blaue Engel des Umweltbundesamts (rechts, [41]) wird bei Kollektoren nur selten genutzt

Page 1/2

Annex to Solar Keymark Certificate

Licence Number	011-7S481 F
Date issued	2019-10-07
Issued by	

Licence holder	Hersteller ABC GmbH (A)	Country	Germany
Brand (optional)		Web	www.wagner-solar.com
Street, Number	Sonnenstraße 1	E-mail	info@wagner-solar.com
Postcode, City	D-12345, Glückstadt	Tel	49 6421 8007-0

Collector Type	Flat plate collector (D)

Collector name	Gross height	Gross area (A_G) (E)	Gross length	Gross width	Aperture area (A_a)	Power output per collector Gb = 850 W/m2, Gd = 150 W/m2 & u = 1.3 m/s $\vartheta_m - \vartheta_a$ (F)					
						0 K	10 K	30 K	50 K	70 K	111 K
	mm	m²	mm	mm	m²	W	W	W	W	W	W
Kollektor A1 (C)	110	2.61	2 151	1 215	2.36	1 991	1 903	1 706	1 483	1 231	632
Power output per m² gross area						763	729	654	568	472	242

Performance parameters test method	Steady state - indoor									
Performance parameters (related to A_G)	η0, b	a1	a2	a3	a4	a5	a6	a7	a8	Kd
Units	-	W/(m²K)	W/(m²K²)	J/(m³K)	-	J/(m²K)	s/m	W/(m²K⁴)	W/(m²K⁴)	-
Test results	0.777	3.25	0.013			4 960				0.88
Incidence angle modifier test method (G)		Quasi dynamic - outdoor								
Incidence angle modifier	Angle	10°	20°	30°	40°	50°	60°	70°	80°	90°
Transversal	$K_{\theta T,coll}$	1.00	0.99	0.98	0.96	0.92	0.86	0.73	0.33	0.00
Longitudinal	$K_{\theta L,coll}$	1.00	0.99	0.98	0.96	0.92	0.86	0.73	0.33	0.00

Abb. 3.10 Solarkeymark-Datenblatt für einen Flachkollektor, Seite 1/2

Seit 2010 mussjeder Kollektor über das europäische Zertifizierungszeichen *Solarkeymark* verfügen. Das auffällige Zeichen (Abb. 3.9) ist meist im Produktblatt abgebildet und mit einer Lizenznummer versehen. Über diese Lizenznummer ist im Internet über die web-Seite http://www.solarkeymark.nl/DBF/ ein offizielles Datenblatt (Abb. 3.10) abrufbar, dass die wichtigsten Kenndaten für diesen Kollektor angibt. Grundlage sind die Testergebnisse, die von zugelassenen Prüfinstituten nach der europäischen Kollektornorm DIN EN ISO 9806 [23] ermittelt wurden.

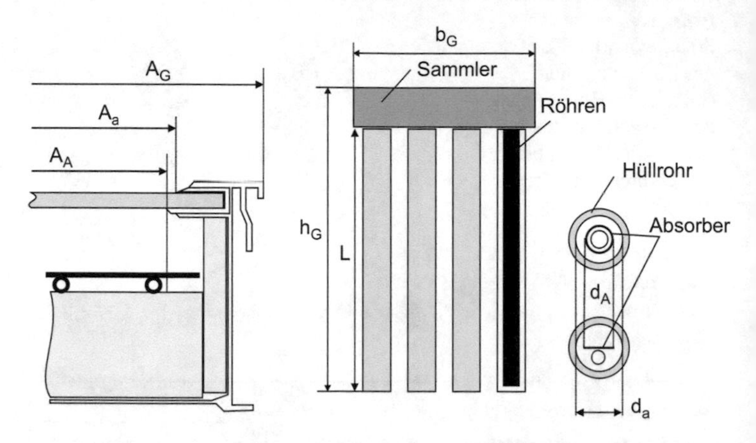

Abb. 3.11 Definition der Bruttofläche A_G , der Absorberfläche A_a und der Aperturfläche A_A für Flachkollektoren und Vakuumröhrenkollektoren

Natürlich ist der Hersteller des Kollektors (Abb. 3.10, **(A)**) mit Adresse angegeben und auch das Prüfinstitut **(B)** (hier: ISFH Hameln) und die Zertifizierungsstelle (DINCERTCO). Rechts oben ist die Licence number angegeben, die dem bei **(C)** genannten Kollektortyp eindeutig zugeordnet ist. Wenn es den Kollektortyp in unterschiedlichen Größen gibt, sind hier zwei oder mehr Zeilen ausgefüllt. Bei Pos. **(D)** ist angegeben, ob es sich um einen Flachkollektor (flat plate) oder einen Röhrenkollektor (tube) handelt. Pos. **(E)** gibt die Größe des Kollektorstyps an, einmal die Aperturfläche, einmal die Bruttofläche (gross area). Die Flächenangaben können sehr verschieden sein und müssen daher genau unterschieden werden.

Flächen am Kollektor

Die *Bruttofläche* A_G (Abb. 3.11) ist die größte projizierte Fläche eines vollständigen Sonnenkollektors, ohne dass Vorrichtungen für die Befestigung und Rohrleitungsverbindungen berücksichtigt sind; Konzentrationssysteme wie Reflektoren zählen dazu, entsprechend sind bei Vakuumröhrenkollektoren Gesamthöhe h_G und Gesamtbreite b_G zu verwenden.

Die *Absorberfläche* A_A dagegen ist die größte projizierte Fläche des Absorbers. Sie schließt absorbierende Bereiche nicht ein, welche von senkrecht einfallender Sonnenstrahlung nicht erreicht werden.

Die *Aperturfläche* A_a schließlich ist die größte projizierte Fläche, durch die unkonzentrierte Sonnenstrahlung in den Kollektor eintritt. Beim Flachkollektor entspricht die Aperturfläche etwa der lichten Glasfläche, beim Röhrenkollektor ohne rückseitigen Reflektor ist die Länge L des unbeschatteten, parallelen und durchsichtigen Röhrenquerschnitts mit dem Innendurchmesser d_a des durchsichtigen äußeren Hüllrohres und der Anzahl der Röhren zu multiplizieren. Bei Vakuumröhren mit rückseitigem Reflektor entspricht die Aperturfläche der Projektionsfläche des Reflektors.

Diese verschiedenen Definitionen sind auch für Fachkundige eher verwirrend, zumal auch Kollektorkennwerte meist auf Flächen bezogen sind. Erst vor wenigen Jahren hat man sich dazu verständigen können, im Zusammenhang mit Solarkollektoren grundsätzlich nur noch die Bruttofläche A_G zu verwenden, was auch in diesem Buch erfolgt.

An Pos. (**F**) in Abb. 3.10 schließlich ist die thermische Leistung des Kollektorsmoduls (in W, also „Watt“) bei unterschiedlichen Betriebsbedingungen angegeben. Wichtig ist die Einstrahlung, die hier mit G $= 1000$ W/m^2 vorgegeben ist. Dann wird unterschieden nach der Temperaturdifferenz $T_m - T_a$ aus der Kollektormitteltemperatur T_m und der Umgebungstemperatur T_a.

Der in Abb. 3.10 beschriebene Flachkollektor ist in der Lage, bei einer Einstrahlung von 1000 W/m^2 in der Kollektorebene und bei einer Temperaturdifferenz von $T_m - T_a = 30$ K zur Umgebung eine Nutzleistung von 1724 W zu erzeugen. Bei der angegebenen Bruttofäche von 2,61 m^2 beträgt der Wirkungsgrad damit 66 %. Bei einer Temperaturdifferenz von 70 K zur Umgebung beträgt die Nutzleistung noch 1241 W und der Wirkungsgrad 47,5 %.

Pos. **(G)** nennt die Kollektorkennwerte, mit der das thermische Verhalten des Kollektors in Simulationsprogrammen nachgebildet werden kann. In Abb. 3.10 sind die Werte noch auf die Aperturfläche bezogen. Mit η_0, a_1 und a_2 (und der richtigen Fläche) werden die Leistungskennlinien nach Abb. 2.8 berechnet. Ein Vergleich von Kollektoren anhand der Kollektorkennwerte ist aber problematisch und sollte dem Fachkundigen überlassen werden.

Temperaturen im Kollektorkreis

Die Kollektorleistung sinkt mit steigender Temperaturdifferenz zwischen Kollektormitteltemperatur und Umgebung. Warum, und was ist überhaupt T_m?

Die Kollektormitteltemperatur T_m ist der Mittelwert aus der Kollektoreintritts- (T_{cin}) und -austrittstemperatur (T_{cout}) der Solarflüssigkeit, wie Abb. 3.12 zeigt. Die Kollektoreintrittstemperatur wird bestimmt von der Temperatur T_S im angeschlossenen Wärmespeicher. Dieser erwärmt sich durch die zugeführte Solarenergie und damit erhöht sich auch die Kollektoreintrittstemperatur während des Betriebs (Abb. 3.22 auf S. 47 zeigt, wie sich die Temperaturen während des Aufheizens entwickeln).

Mit Zunahme der Kollektormitteltemperatur steigen aufgrund der höheren Temperaturdifferenz $T_m - T_a$ die Wärmeverluste des Kollektors und entsprechend sinkt seine thermische Leistung. Die Maximalleistung des Kollektors wird dann abgegeben, wenn T_m gleich der Umgebungstemperatur T_a ist – also bei kaltem Speicher.

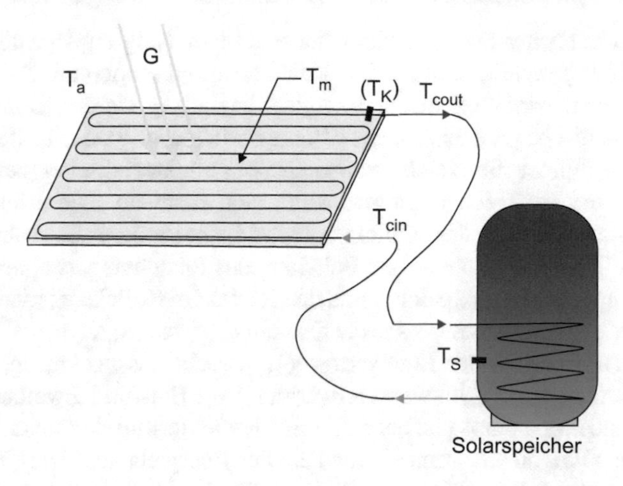

Abb. 3.12 Temperaturen im Kollektor und Solarspeicher

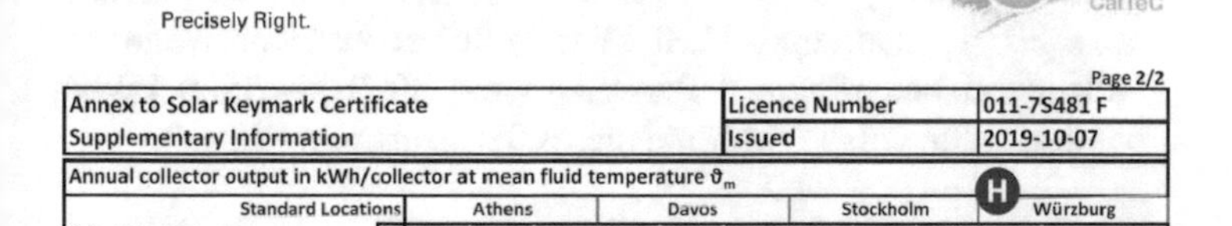

Page 2/2

Annex to Solar Keymark Certificate	Licence Number	011-7S481 F
Supplementary Information	Issued	2019-10-07

Annual collector output in kWh/collector at mean fluid temperature ϑ_m

Standard Locations		Athens			Davos			Stockholm			Würzburg		
Collector name	ϑ_m	25°C	50°C	75°C	25°C	50°C	75°C	25°C	50°C	75°C	25°C	50°C	75°C
Kollektor A1		3 138	2 294	1 545	2 422	1 718	1 118	1 774	1 195	748	1 925	1 289	794

Abb. 3.13 Solarkeymark-Datenblatt für einen Flachkollektor, Seite 2/2

Die Seite 2 des Datenblatts, Abb. 3.13, Pos. **(H)**, enthält eine weitere interessante Angabe zur Leistungsfähigkeit des Kollektors. Für vier europäische Standorte mit sehr unterschiedlicher Witterung wird der Kollektorbruttoertrag (engl.: Collector Annual Output, in kWh/a) angegeben. In der Tabelle sind die Erträge für die Kollektormitteltemperaturen 25, 50 oder 75 °C angegeben.

Der Kollektorbruttoertrag Q_{ACO} gibt dem Käufer eine einfache Möglichkeit an die Hand, unterschiedliche Typen von Solarkollektoren hinsichtlich ihrer Leistungsfähigkeit miteinander zu vergleichen. Für jede Stunde des Jahres wird die Nutzenergie in kWh berechnet, die ein mit den Kollektorkennwerten (Pos. **(G)**) beschriebener Solarkollektor bei optimaler Neigung in Südausrichtung erzielt, wenn seine Kollektormitteltemperatur T_m vorgegeben wird. Bei dieser Energiebilanzierung werden keinerlei dynamische (zeitabhängige) Effekte berücksichtigt, der Kollektor weist immer die gleiche vorgegebene Kollektormitteltemperatur auf, erwärmt sich nicht und kühlt sich nicht ab. Dic effektive Wärmekapazität des Kollektors[1] und insbesondere die während des Tages durch die solare Beladung des Speichers ansteigenden Temperaturen im Speicher und damit auch im Kollektorkreisrücklauf bleiben in diesem Ansatz also unberücksichtigt.

Dennoch ist der Jahresertrag Q_{ACO} recht aussagekräftig: Solaranlagen zur Trinkwassererwärmung im Ein- und Zweifamilienhaus arbeiten typischerweise mit Kollektormitteltemperaturen von 40 bis 50 °C, wenn sie rund 2/3 des Energiebedarfs zur Trinkwassererwärmung decken sollen. In Würzburg würde der gezeigte Kollektor bei 50 °C eine solare Nutzenergie von 1346 kWh an den Kollektorkreis abgeben. An den Wärmespeicher könnten bei Berücksichtigung der Wärmeverluste der Rohrleitungen noch etwa 80 %, also rund 1100 kWh geliefert werden. Wenn der Nutzenergiebedarf von 4 Personen rund 3000 bis 3500 kWh/a beträgt, sollten also 2 Module dieses Typs ausreichend sein.

Kollektormontage

Kollektorfelder werden in Aufdachmontage, Indachmontage (Abb. 3.14), in der Fassade oder in Freiaufstellung befestigt. Bei der Aufdachmontage sind die Kollektoren mit Dachankern durch die Dachhaut an den Sparren des Daches befestigt. Montageschienen aus Aluminium verbinden die Dachanker untereinander, darauf werden die Kollektoren mit speziellen Halteklammern befestigt. Zur Einführung der Rohrleitungen vom Kollektorfeld in das Gebäude nutzt man Entlüfterziegel.

[1] Je höher die effektive Wärmekapazität ist, desto träger reagiert der Kollektor auf Strahlungs- und Temperaturänderungen.

Abb. 3.14 Kollektoren in Aufdachmontage mit höhenverstellbarem Sparrenanker (links) und in Indachmontage mit Rahmenprofil und Bleischürze zum Regenablauf (rechts)

Bei der Dachintegration wird ein Teil der Dachbedeckung entfernt und durch den Kollektor ersetzt. Hierbei ist auf eine dauerhafte Abdichtung zwischen Dachbedeckung und Kollektorrahmen zu achten. Die Dachintegration ist immer teurer als die Aufdachmontage, bietet aber u. U. gestalterische Vorteile. Werden Flachkollektoren in der Fassade verbaut, muss besonders auf die Verglasungsrichtlinien geachtet werden, die hohe Anforderungen an die Stabilität und damit die Sicherheit der Kollektorfrontgläser stellen. Zwar muss mit etwas höheren Montagekosten gerechnet werden, es wird aber eine gute und ansprechende bauliche Integration erzielt, wie die Beispiele in Kap. 6.8 später zeigen.

Zur Freiaufstellung von Kollektoren auf Flachdächern (Abb. 3.3, Seite 25) oder Freiflächen (Abb. 6.19, Seite 106) werden Profilschienensysteme aus Edelstahl oder Aluminium verwendet, die mit dem flachen Untergrund (bei Dächern wasserdicht!) verschraubt sind. Alternativ finden kostengünstigere Beschwerungen (Betonplatten, Betonquader oder Wannen mit Kiesfüllung) Verwendung.

Die Montagesysteme für Solarkollektoren sind nach den geltenden Normen zur Tragwerksberechnung auszulegen, die Lastannahmen bzgl. Wind und Schnee sind hierbei besonders zu beachten. Die Solarindustrieverbände haben zur Ermittlung von Schneelasten an solarthermischen Anlagen ein spezielles Arbeitsblatt herausgegeben [9], das im Internet zu finden ist. Der Kollektorhersteller muss in seiner Montageanleitung die jeweils erforderliche Zahl von Dachankern je nach Gebäudetyp und Höhenlage des Gebäudes angeben.

Bei größeren Anlagen sollte der Hersteller des Montagesystems immer eine prüffähige Statik für sein Produkt vorlegen. Vor der Montage ist der Zustand des Daches zu bewerten, dessen Lebensdauer mindestens weitere 25 Jahre betragen sollte. Schon in der Angebotsphase sind die Konstruktion und Statik des Gebäudes zu beachten, die Tragfähigkeit für die zusätzlichen Lasten durch das Kollektorfeld und die Schnee- bzw. Windmehrlasten muss gegeben sein. Die besonderen Regeln bei Überkopfverglasungen sind zu beachten, um Gefahren durch herabstürzende Glassplitter (vor allem bei den nicht gehärteten Vakuumröhren) zu vermeiden. Bei der Kollektormontage gelten die Anforderungen der Berufsgenossenschaften an den Arbeitsschutz, dazu zählen die Sicherung vor Herabfallen, Gerüste, etc.

3.2 Kollektorkreis

Der im Kollektorfeld gewonnene Nutzenergiestrom muss durch den Kollektorkreis zum Speicher bzw. zum Verbraucher geleitet werden. Dazu sind ein wärmegedämmtes, druckfestes Rohrsystem erforderlich, eine Umwälzpumpe, ein Wärmeübertrager und diverse Sicherheitseinrichtungen. Um größere Kollektorflächen zu realisieren, werden einzelne Kollektoren zu Kollektorfeldern zusammengeschaltet. Die Kollektoren können hintereinander (seriell) oder nebeneinander (parallel) durchströmt werden (Abb. 3.15).

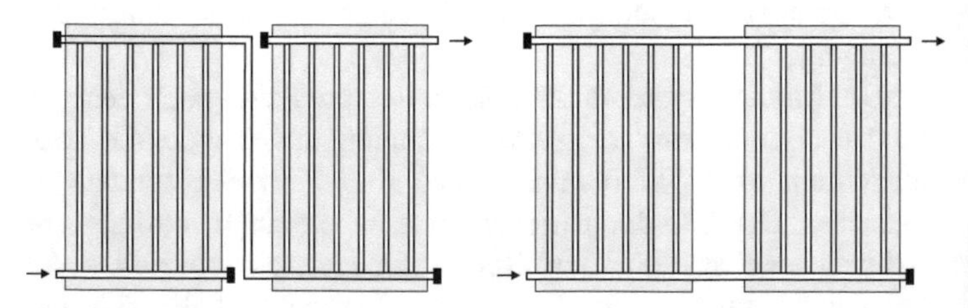

Abb. 3.15 Kollektorfeld in serieller (links) und paralleler Verschaltung (rechts)

Bei der Dimensionierung von Kollektorfeldern ist zu beachten, dass eine homogene Durchströmung aller Kollektoren bzw. Kollektorteilfelder erreicht wird, die Abweichungen der parallelen Teilvolumenströme zueinander sollten 10 % nicht überschreiten. Nach den Vorgaben der Tichelmann-Verschaltung werden dazu die Rohrleitungen in jedem parallelen Strang genau gleich lang ausgeführt, bei Bedarf sind Strangregulierventile zu verwenden, um die Teildruckverluste anzugleichen. Der Kollektorhersteller gibt im Datenblatt die möglichen Verschaltungsvarianten vor. Der Gesamtvolumenstrom durch das Kollektorfeld ist so einzustellen, dass der ebenfalls herstellerseitig vorgegebene flächenbezogene Feldvolumenstrom eingehalten wird.

Durchströmung des Kollektorfelds

Bei sogenannten *highflow*-Anlagen beträgt der flächenbezogene Feldvolumenstrom etwa 25 bis 40 $l/h/m^2$, bei *lowflow*-Anlagen etwa 10 bis 25 $l/h/m^2$. Im lowflow-Betrieb ist die Temperaturerhöhung im Kollektor um den Faktor 1,5 bis 2,5 höher und der Gesamtvolumenstrom um diesen Faktor kleiner. So können die Rohrleitungsquerschnitte und damit auch die Wärmeverluste erheblich reduziert werden. Der Kollektorertrag dagegen ist bei highflow- und lowflow-Anlagen vergleichbar. Die Kosteneinsparungen im lowflow-Betrieb durch den verringerten Hilfsenergiebedarf für die Umwälzpumpe und die kleineren Leitungsquerschnitte werden vor allem bei großen solarthermischen Anlagen ab 20 m^2 Kollektorfläche genutzt.

Betriebsarten

Kollektorkreise werden in unterschiedlicher Weise „betrieben". Am verbreitetsten ist das *Zwangsumwälzsystem*, bei dem die So-

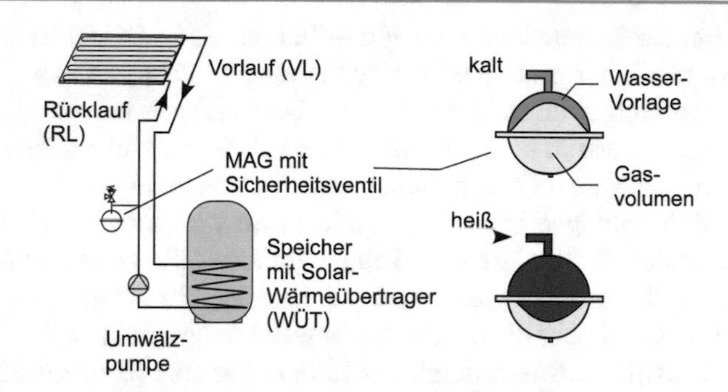

Abb. 3.16 Betriebsarten von Kollektorkreisen: Zwangsumwälzung mit Membranausdehnungsgefäß

larflüssigkeit in einem geschlossenen Rohrsystem[2] mit statischem Überdruck von rund 2 bis 3 bar mit einer Pumpe umgewälzt wird (Abb. 3.16, links). Wenn das Rohrsystem vollständig entlüftet ist, muss der Förderdruck der Umwälzpumpe ausschließlich die Druckverluste des Rohrsystems überwinden. In Solaranlagen mit Kollektorflächen kleiner 50 m^2 sollte der Druckverlust bei Nennvolumenstrom 500 mbar nicht überschreiten. Bei Wasser-Glycolgemischen hat sich eine Strömungsgeschwindigkeit von 0,4 bis 1,0 m/s bewährt, um einerseits einen ausreichend geringen Druckverlust, andererseits eine gute Entlüftung zu gewährleisten. Da der Gesamtvolumenstrom bereits anhand der Kollektorfeldfläche festgelegt wurde, ergibt sich aus dieser Vorgabe der notwendige Rohrdurchmesser.

Der elektrische Hilfsenergiebedarf $Q_{el,a}$ für die Umwälzpumpe ist anhand der solaren Jahresarbeitszahl JAZ_{sol} abzuschätzen, die das Verhältnis des solaren Nutzertrags $Q_{sol,a}$ zum jährlichen elektrischen Hilfsenergiebedarf $Q_{el,a}$ angibt. Darin enthalten ist auch der (geringe) elektrische Energiebedarf für den Solarregler. Der Einsatz von Hocheffizienzpumpen hat in den vergangenen Jahren zu einer Erhöhung der solaren Jahresarbeitszahl geführt.

[2]Rohrleitungen mit Rohrverbindern, dazu Umwälzpumpen, Filter und sonstige Einbauteile.

Bei großen Anlagen werden mit 1 kWh Strom etwa 70...100 kWh solarer Nutzenergie erzeugt $JAZ_{sol} = 70...100$), bei kleinen Anlagen liegt die Arbeitszahl meist etwas niedriger.

Die gewählte Umwälzpumpe muss für den Betrieb mit Solarflüssigkeit geeignet sein. Es ist zu beachten, dass deren Förderleistung bei Wasser-Glycolgemischen um ca. 10 % gegenüber den für Wasser angegebenen Kennwerten gemindert ist. Die Temperaturbeständigkeit sollte im Betrieb 110 °C, im Stillstand 130 °C betragen. Die Umgebungstemperatur am Einbauort darf bei den meisten Modellen 40 °C nicht überschreiten. Der Betriebspunkt der Pumpe ist möglichst im mittleren Drittel der Pumpenkennlinie bei höchstem Pumpenwirkungsgrad zu wählen.

Um die Volumenausdehnung der Solarflüssigkeit bei Temperaturerhöhung im geschlossenen Rohrsystem ausgleichen zu können, ist immer ein Membranausdehnungsgefäß (MAG, Abb. 3.16 rechts) zu installieren. Bei der Auslegung des MAG ist zu beachten, dass bei kalter Solarflüssigkeit an der höchsten Stelle im Kollektor noch ein leichter Überdruck von 0,5 bar herrscht und sich im MAG eine Mindestmenge Flüssigkeit befindet (Wasservorlage), um einen Unterdruck im Kollektorkreis bei weiterer Abkühlung zu vermeiden.

Bei Stagnation verdampft ein Teil der Solarflüssigkeit im Kollektorfeld und verdrängt dadurch die Flüssigkeit aus den Kollektoren und dem oberen Teil des Kollektorkreises in das MAG (vgl. Abb. 3.16, rechts). Dessen Gasvolumen muss daher so bemessen sein, dass neben der gesamten Volumenausdehnung der Solarflüssigkeit bei Temperaturerhöhung bis 140 K auch der gesamte Kollektorfeldinhalt und ein Teil des Inhaltes der Kollektorkreisleitungen aufgenommen werden können, ohne den Anlagenmaximaldruck zu überschreiten. Dieser wird durch den Nenndruck des Sicherheitsventils vorgegeben. Die VDI 6002 [50] gibt Hinweise zum richtigen Einbau des Membranausdehnungsgefäßes – in Strömungsrichtung nach der Pumpe.

Solaranlagen müssen „eigensicher“ betrieben werden: Auch anhaltende Strahlungsabsorption ohne Nutzenergieentnahme (Stagnationsbedingung) darf nicht zu einem Störfall führen, die Anlage muss nach dem Ende der Stagnationsphase selbsttätig wieder in Betrieb gehen können.

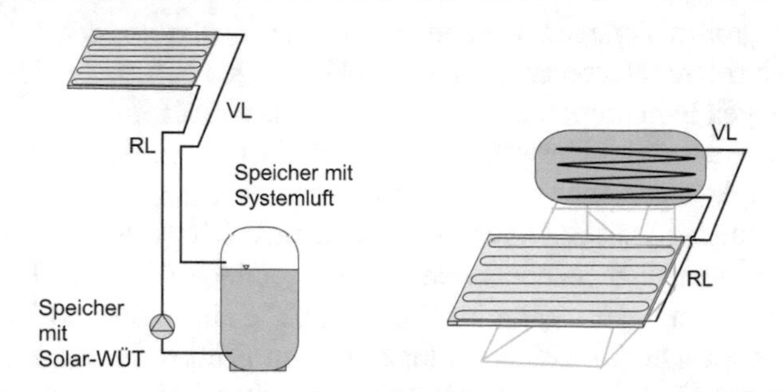

Abb. 3.17 Betriebsarten von Kollektorkreisen: Drainback (links), Thermosyphon (rechts)

Beim *Drainbackbetrieb* des Kollektors (Abb. 3.17, links) ist der Kollektorkreis bei Pumpenstillstand oberhalb des Speichers mit Luft gefüllt. Beim Start muss die Pumpe erst eine Flüssigkeitssäule bis zum oberen Kollektoranschluss aufbauen, entsprechend sind nur leistungsstarke Pumpen mit Nullförderhöhen von mindestens 8 bis 10 m Wassersäule in Einfamilienhäusern geeignet. Auch die Verwendung von zwei in Reihe geschalteten Standardpumpen ist möglich. Bei *geschlossenen* Drainback-Anlagen gleicht die Systemluft die Volumenänderung der Solarflüssigkeit durch Druckerhöhung (etwa 0,1 bis 0,5 bar) aus, bei *offenen* Systemen erfolgt ein Luftaustausch und Druckausgleich mit der Umgebung.

Der Vorteil von Drainbackanlagen liegt in ihrer baulichen Einfachheit (z. B. keine Membranausdehnungsgefäße) und der Möglichkeit, ohne Frostschutzmittel zu arbeiten: Sind alle Rohrleitungen des Kollektorkreises mit mindestens 2 % Gefälle verlegt, läuft die Solarflüssigkeit bei Pumpenstillstand nur aufgrund der Schwerkraft vollständig in den Speicher bzw. Wärmeübertrager zurück. Der dann mit Systemluft gefüllte Kollektor ist dadurch vor Beschädigungen bei Eisbildung geschützt. Als Solarflüssigkeit ist daher Wasser einsetzbar. Zudem ist die Solarflüssigkeit im Stagnationszustand keinen hohen thermischen Belastungen ausgesetzt.

Im Mittelmeerraum, in asiatischen Ländern und in Australien hat sich eine weitere Variante etabliert: Bei *Thermosyphon-*

Anlagen handelt es sich um geschlossene flüssigkeitsgefüllte Systeme ohne Umwälzpumpe (Abb. 3.17, rechts). Man nutzt hier die Temperaturabhängigkeit der Dichte der Solarflüssigkeit, um einen natürlichen thermosyphonischen Umwälzstrom zu erzeugen. Bei Thermosyphon-Anlagen muss der Speicher immer oberhalb des Kollektors angebracht sein. Bei Sonneneinstrahlung erwärmt sich die Solarflüssigkeit im Kollektor (Vorlauf, VL) und deren Dichte vermindert sich. Die im Verbindungsrohr zwischen Speicher-Wärmeübertrager und Kollektoreintritt (Rücklauf, RL) befindliche Flüssigkeit ist kälter und damit schwerer. Die beiden miteinander verbundenen Flüssigkeitssäulen bilden aufgrund der unterschiedlichen Dichten am Kollektoreintritt unterschiedliche statische Drücke aus. Die Differenz aus beiden ist der Förderdruck, der nur wenige mbar beträgt. Die Solarflüssigkeit wird dennoch beschleunigt, bis ein Gleichgewicht mit dem Anlagendruckverlust erreicht ist, der sich proportional zum Quadrat der Strömungsgeschwindigkeit erhöht. Es stellen sich Volumenströme von 60 bis 150 l/h ein. Die im geschlossenen Thermosyphonkreis ebenfalls auftretende thermische Volumenausdehnung führt zu einer Druckerhöhung im System und wird z. B. über ein Sicherheitsventil durch Flüssigkeitsabgabe, ein Luftpolster im Speicherwärmeübertrager oder ein Ausdehnungsgefäß begrenzt.

Solarflüssigkeit

In Klimaregionen mit Frostgefahr muss der Kollektorkreis mit einem frostgeschützten Wärmeträgerfluid betrieben werden. Andernfalls müsste das System in der kalten Jahreszeit vollständig entleert werden, um Schädigungen des Kollektors durch Eisbildung zu verhindern. Am Markt werden Konzentrate von Solarflüssigkeit angeboten, die auf Basis des nicht gesundheitsschädlichen 1,2-Propylenglycols hergestellt sind. Der Stockpunkt der reinen Flüssigkeit liegt bei unter −50 °C. Weitere Zusätze (Korrosionsschutzinhibitoren) schützen die im Kollektorkreis üblicherweise verwendeten Materialien wie Kupfer, Aluminium, Messing und Stahl vor Korrosion und Ablagerungen (Inkrustierung). Propylenglycol ist mit Wasser in beliebigem Verhältnis vollständig vermischbar. Um eine ausreichende Wirkung der Inhibitoren zu gewährleisten, darf aber ein Konzentratanteil von 30 % nicht unterschritten werden. Dauertemperaturen von >170 °C führen zur vorzeitigen Alterung der Solarflüssigkeit und sind daher durch eine entsprechende Betriebsführung zu vermeiden.

Es gibt zudem Kollektoren, die als Solarflüssigkeit direkt Wasser verwenden, hier muss der Frostschutz auf andere Weise gewährleistet werden. Luftkollektoren nutzen als Wärmeträgermedium nicht eine Flüssigkeit, sondern – Luft.

Rohrleitungen

Bei der Ausführung des Kollektorkreises ist immer die kürzeste Verrohrung zwischen Kollektorfeld und Speicher zu wählen, um die Wärmeverluste an die Umgebung und den Hilfsenergieeinsatz zur Überwindung der Druckverluste zu minimieren. Bei der Rohrführung ist auf ausreichende Entlüftungsmöglichkeiten zu achten, die Leitungen sind daher möglichst mit Gefälle zu verlegen.

Bei der Auswahl der Kollektorkreiskomponenten sollten einige Grundsätze beachtet werden: Die Temperaturbelastung des Rohrsystems ist bei Solaranlagen relativ hoch, da es (zumindest im Kollektorfeld) den Stagnationstemperaturen des Kollektors standhalten muss. Bei besonderen Betriebszuständen mit Dampfbildung können Temperaturen von 120 bis 140 °C erreicht werden. Bei Außenverlegung dagegen sinken die Minimaltemperaturen im Winter auf – 15 bis – 20 °C. Die Rohrverbindungen und alle Bauteile müssen diesen Temperaturen standhalten, im Kollektorbereich darf nicht weichgelötet werden.

Bei kleinen Solaranlagen wird meist Kupferrohr verwendet, bei größeren Anlagen aus Kostengründen eher (unverzinktes) Stahlrohr. Wenige Anlagen verwenden Kunststoff-Aluminium-Verbundrohre.

Das Dämmmaterial im Außenbereich muss witterungsfest, resistent gegen Vogel- und Mäusefraß und UV-beständig sein. Es darf keine Feuchtigkeit aufnehmen und muss kurzzeitig temperaturbeständig bis 180 °C und im Kollektorbereich dauerbeständig bis 150 °C sein.

3.3 Speicher

Energiespeicher sind bei thermischen Solaranlagen immer erforderlich, weil Energieangebot (Solarstrahlung) und Energiebedarf (zur Trinkwassererwärmung, Raumheizung, etc.) nur selten gleichzeitig vorliegen. An die Speicher wird eine Vielzahl von Anforderungen gestellt. Sie müssen kostengünstig sein, den hygienischen Vorgaben genügen sowie dauertemperatur- und druckfest sein. Auch das Speichermedium muss kostengünstig, gesundheitsunschädlich und umweltverträglich sein, zudem eine hohe volumetrische Wärmekapazität bei geringer Viskosität besitzen und schließlich dauertemperaturbeständig sein. Noch immer erfüllt Wasser alle genannten Anforderungen am besten.

Bauarten

Man unterscheidet verschiedene Speichervarianten, wie Abb. 3.18 zeigt:

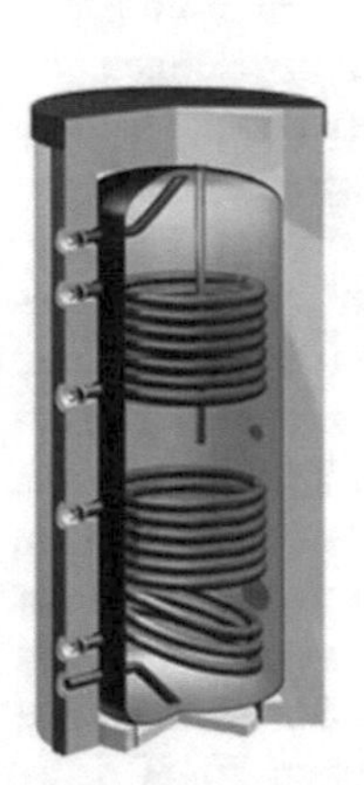
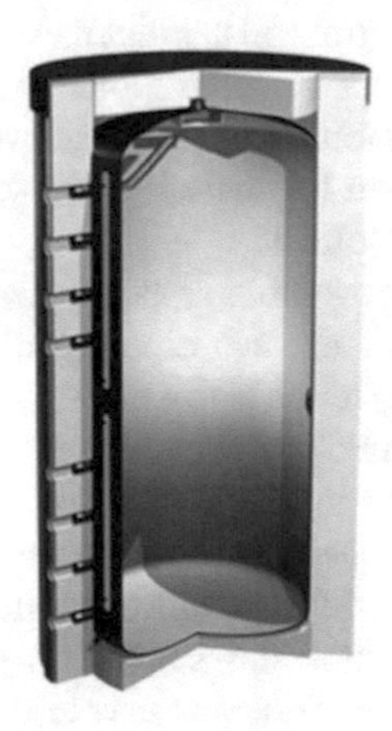
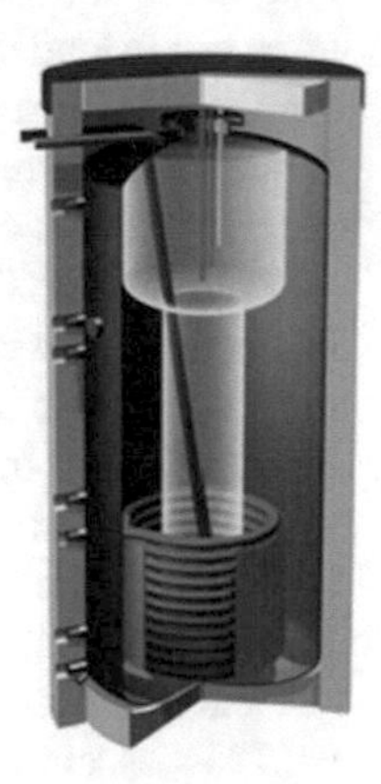

Abb. 3.18 Schnittdarstellungen verschiedener Speichervarianten. Bivalenter Trinkwasserspeicher (links), Pufferspeicher (Mitte), Kombispeicher, System Tank-in-Tank (rechts) [54]

Trinkwasserspeicher bevorraten direkt das zu erwärmende Medium. Sie müssen hohen hygienischen Anforderungen entsprechen (Wasser ist ein Lebensmittel), dem Leitungsdruck des Kaltwasserversorgungsnetzes widerstehen (oft 10 bar) und korrosionsgeschützt sein, da frisches Trinkwasser immer maximal sauerstoffgesättigt ist. Standard ist eine Emaillierung (ein etwa 0,3 mm dünner Glasüberzug) auf allen trinkwasserberührten Innenflächen in Verbindung mit einer Opferanode oder einer Fremdstromanode. Alternativ wird korrosionsbeständiger Edelstahl für Behälter und Einbauten verwendet. Speicher mit zwei Wärmeübertragern zum parallelen Anschluss von Solaranlage und Heizkessel werden als bivalent bezeichnet.

Pufferspeicher benötigen keinen Korrosionsschutz, da sie mit sauerstofffreiem Betriebswasser (Heizungswasser) befüllt sind. Da eine Trennung zum Heizkreislauf nicht nötig ist, werden Pufferspeicher direkt be- und entladen. Dadurch werden Exergieverluste bei der Wärmeübertragung vermieden. Zwischen Kollektorkreis und Pufferspeicher muss bei Verwendung spezieller Solarflüssigkeit ein Wärmeübertrager geschaltet werden. Pufferspeicher werden bei Stückholz- und Festbrennstoffkesseln immer eingesetzt, um die beim vollständigen Abbrand der Brennstoffvorrats entstandene thermische Energie „puffern" zu können, daher ihr Name. In Kombination mit Frischwasserstationen werden Pufferspeicher auch zur hygienischen Trinkwassererwärmung genutzt (vgl. Abb. 4.2, Seite 55).

Zur solaren Heizungsunterstützung wurden spezielle *Kombispeicher* entwickelt, die aus einem (größeren) Pufferspeicher und einem darin integrierten kleineren Trinkwasserspeicher bestehen (auch Tank-in-Tank-Speicher genannt). Der Trinkwassertank muss innen korrosionsgeschützt sein und wird vom umgebenden Pufferwasser beheizt. Bei einigen Kombispeichermodellen ist der Innentank durch ein Edelstahlwellrohr mit größerem Querschnitt (32 bis 120 mm) ersetzt, das spiralförmig im Speicher verlegt ist. Da das enthaltene Trinkwasservolumen selten 50–80 Liter übersteigt, muss bei größeren Zapfungen das Trinkwasser im Durchlauf auf Solltemperatur gebracht werden.

In solaren Nahwärmenetzen werden *Langzeit- oder Saisonalspeicher* eingesetzt, die aufgrund ihrer Größe (mehrere 100 bis

10.000 m³) gänzlich andere Konstruktionstechniken erfordern. Dazu finden sich in Abschn. 4.5 weitere Informationen.

Neben den aufgezeigten Speichertypen wird am Markt noch eine Vielzahl weiterer Varianten angeboten, z. B. drucklose Speichersysteme mit Volumina von 2 bis 10 m³ aus glasfaserverstärkten Kunststoffen oder anderen Verbundmaterialien (vgl. Abb. 3.19).

Dimensionierung

Die Dimensionierung der Solarspeicher erfolgt nach der Kollektorfeldgröße. Bei großen Solaranlagen zur Trinkwassererwärmung mit einem angestrebten Deckungsanteil von etwa 35 % sollten rund 50 Liter Speichervolumen pro m² Kollektorfläche eingeplant werden. Bei kleineren Anlagen zur Trinkwassererwärmung im Ein- und Zweifamilienhaus ist oft eine sommerliche Volldeckung des Energiebedarfs gewünscht, damit der Heizkessel ausgeschaltet werden kann. Bei einem Deckungsanteil von 50 bis 60 % sollte der Speicher mit 60 l/m² Kollektorfläche etwas größer dimensioniert werden.

Abb. 3.19 Modularer druckloser Pufferspeicher mit drei hydraulischen Kreisen (links), rechts Einbausituation in einem Kellerraum (Fa. FSAVE, Kassel [28])

Bei heizungsunterstützenden Anlagen, die Solarwärme über mehrere Tage bevorraten, ist ein spezifisches Speichervolumen von eher 70 l/m^2 zu empfehlen. Möchte man höhere Deckungsanteile (z. B. 50 %) erzielen, sollten es 100 l/m^2 sein. Eine größere Speicherauslegung ist nicht sinnvoll, da die Effizienz der Solaranlage kaum noch ansteigt, dafür sich aber die Kosten erhöhen. Im Abschn. 6.1 ab Seite 93 wird dieser Zusammenhang erläutert.

Bei Solaranlagen mit saisonaler Wärmespeicherung (Abschn. 4.5) werden die Speicher wesentlich größer dimensioniert. Als Heißwasserspeicher werden sie mit einem spezifischen Volumen von 1500 bis 2500 Liter pro m^2 Kollektorfläche ausgeführt. Kieswasserspeicher haben eine geringere volumetrische Wärmekapazität, daher beträgt hier das spezifische Speichervolumen eher 2500 bis 4000 l/m^2.

Latentwärmespeicher

Trotz intensiver Forschungsarbeiten zu alternativen Speichermaterialien erfüllen einfache Wasserspeicher alle genannten Anforderungen noch immer am besten. Latentwärmespeicher werden bisher nur vereinzelt angeboten und eingesetzt. Probleme bereiten v. a. die Langzeittemperaturbeständigkeit (Zyklenfestigkeit) sowie die Wirtschaftlichkeit.

Im Unterschied zur „sensiblen“ thermischen Energie in den beschriebenen Wasserspeichern ist bei Latentwärmespeichern die gespeicherte Energie „verborgen“, da die Energieeinlagerung nicht mit einer Temperaturerhöhung verbunden ist. Bei Latentwärmespeichern wird die gespeicherte Energie über eine Änderung des Aggregatzustandes des Speichermaterials freigesetzt. Die dazu eingesetzten Materialen werden, abgeleitet aus dem Englischen, als PCM (phase change materials) bezeichnet.

Der Effekt der „verborgenen“ Wärme soll am Beispiel von Wasser bzw. Eis verdeutlicht werden: Wasser besitzt eine Wärmekapazität von 4,18 kJ/kg/K. Um 1 kg Wasser von 0 auf 80 °C zu erwärmen, sind 4,18 kJ/kg/K mal 80 K mal 1 kg, also 334 kJ notwendig. Genau diese Energiemenge ist aber auch nötig, um

1 kg Eis zu schmelzen. In „latenter" Wärme steckt also viel Energie.

Das Problem besteht nun darin, einen beständigen, ungiftigen und kostengünstigen Stoff zu finden, der seinen Aggregatzustandswechsel von fest nach flüssig bei einer gewünschten Nutztemperatur von z. B. 50 oder 60 °C macht. Beim Phasenwechsel von flüssig zu gasförmig wird übrigens noch erheblich mehr Energie eingelagert, die damit verbundene enorme Volumenausdehnung ist technisch aber nur schwer beherrschbar.

Abb. 3.20 zeigt die Schmelzenthalpien verschiedener Latentwärmespeichermaterialien, eingeteilt nach der Umwandlungs- oder Schmelztemperatur. Für den Niedertemperaturbereich bis etwa 130 °C sind Paraffine oder Salzhydrate einsetzbar. Bei Salzhydraten sind in die Kristallstruktur des Salzes Wassermoleküle eingelagert, diese werden auch als Kristallwasser bezeichnet. Im festen Zustand bilden Salzhydrate ein weißliches Pulver. Bei Energiezufuhr wird das Kristallwasser ausgetrieben und bildet mit den darin dissoziierten Salzionen ohne weitere Zufuhr von Wasser eine wässrige Flüssigkeit.

Durch Mischung verschiedener Materialien können PCM-Materialien so angepasst werden, dass der Phasenwechsel zur gewünschten Zieltemperatur erfolgt. Bei einer Entmischung im Betrieb kann es zu einer Verschiebung der Phasenwechseltemperatur kommen oder auch durch chemische Veränderungen der Einzelmaterialien. PCM weisen zudem im festen Zustand eine meist sehr geringe Wärmeleitfähigkeit auf, die durch sehr große und teure Wärmeübertrager im Speicher kompensiert werden muss.

Aufgrund der höheren Kosten und der fehlenden Langzeiterfahrungen (Zyklenfestigkeit) ist ein wirtschaftlicher Vorteil von PCM-Speichern gegenüber herkömmlichen sensiblen Warmwasserspeichern derzeit noch immer fraglich.

Wärmeverluste des Speichers

Solarspeicher mit einem Volumen von 300 bis etwa 2000 Liter sind meist mit einer abnehmbaren Dämmung aus Polyurethan

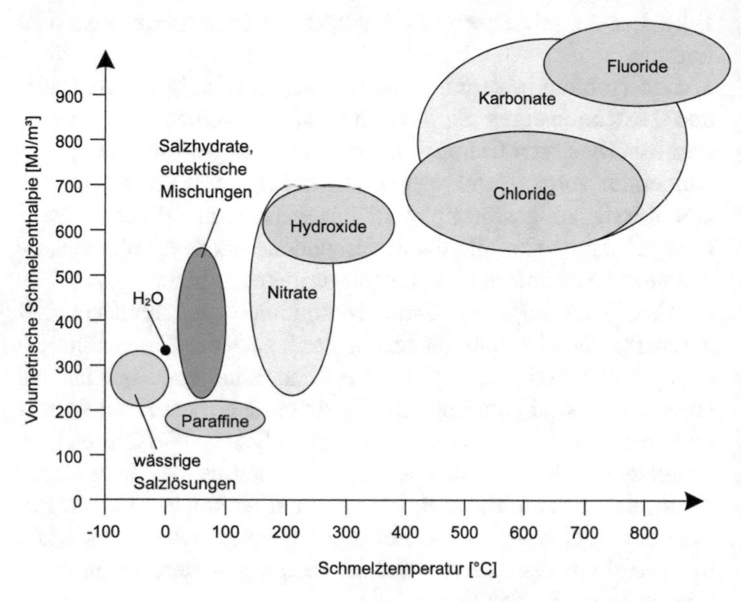

Abb. 3.20 Volumetrische Schmelzenthalpien verschiedener Klassen von PCM, nach [33]

(PU)-Weichschaum versehen. Bei einer Schaumdichte von 15 bis 25 kg/m^3 beträgt dessen spezifische Wärmeleitfähigkeit[3] (temperaturabhängig) etwa 0,04 bis 0,05 W/m/K. Dämmungen werden zudem aus expandiertem Polystyrol (EPS), PU-Hartschaum oder Polyester-Vlies hergestellt. Die Außenseite der Dämmung ist mit einem lackierten Blechmantel, mit einer etwa 1 mm dicken Polystyrolplatte oder einer reißfesten gewebeverstärkten PVC-Folie kaschiert.

PU-Hartschaum hat eine geringere Wärmeleitfähigkeit und weist deshalb bessere Dämmeigenschaften auf als PU-Weichschaum. Er wird häufig bei kleineren Speichern bis etwa 300 Liter eingesetzt. Der PU-Schaum wird dazu direkt

[3]Wenn Sie sich im Baumarkt Dämmmaterial anschauen, ist z. B. auf der Mineralwolle ein Aufkleber mit einem großen „Ü“ zu finden. Daneben steht „040“ oder „035“. Diese Zahl gibt die Wärmeleitfähigkeit des Materials an, 040 entspricht 0,040 W/m/K.

in eine teilbare Form eingespritzt, die den Speicherbehälter umschließt. Da die Hartschaumdämmung dauerhaft mit dem Speicher verbunden ist, begrenzt das Türeinbringmaß (rund 80 cm) die Einsatzmöglichkeiten. Größere Speicher werden daher mit einer abnehmbaren PU-Weichschaumisolierung und zunehmend häufiger mit Polyester-Vlies ausgeliefert.

Die Wärmeverluste eines Speichers sind wesentlich von der Größe und der Dämmstärke, aber auch von der Anzahl der Rohranschlüsse abhängig. Man unterscheidet zwischen dem Wärmeverluststrom S in Watt, der vom Speicher beständig an die Umgebung abgegeben wird und der Energiemenge, die der Speicher pro Tag an die Umgebung verliert. Diese Energiemenge wird als Bereitschaftswärmeaufwand Q_{st} nach DIN EN 12897 [22] gemessen und ist identisch mit dem Wärmebereitschaftsaufwand W_B nach der inzwischen zurückgezogenen, aber noch häufig verwendeten DIN V 4753-8 [21]. Beide Größen geben die Energiemenge in kWh an, die ein Speicher während 24 Stunden bei einer Temperaturdifferenz von 45 K zwischen Speicher und Umgebung verliert. Die Umrechnung zwischen dem Wärmeverluststrom S und dem Bereitschaftswärmeaufwand Q_{st} ist recht einfach: S ist mit 24 h/d (Stunden je Tag) zu multiplizieren und dann durch 1000 zu teilen, da Q_{st} in kWh/d angegeben wird.

Seit September 2015 müssen die Wärmeverluste von Speichern nach den Vorgaben der ErP-Richtlinie klassifiziert sein [24]. Jeder Speicher trägt nun ein Energielabel nach Abb. 3.21, das Auskunft über dessen Wärmeverluste gibt. An der Stelle **(A)** werden Speicherhersteller (I) und -typ (II) genannt, die Wärmeverlustrate S ist bei **(B)** in der Einheit Watt (W) angegeben und zusätzlich bei **(C)** mit einem Pfeil grafisch gekennzeichnet. Bei **(D)** ist das Volumen des Speichers nachzulesen.

Speicherwärmeverluste

Die Wärmeverluste von Speichern erreichen aufgrund der langen Betriebszeiten im Jahr hohe Werte, wie das nachfolgende Berechnungsbeispiel zeigt:

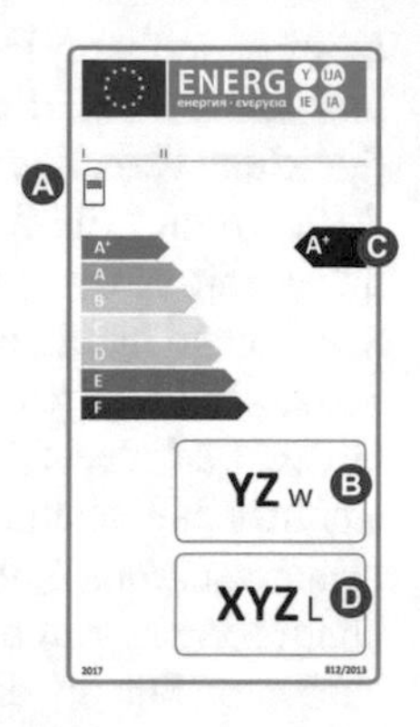

Abb. 3.21 Neues Energielabel für Warmwasserspeicher nach [24]

Wird ein Trinkwasserspeicher mit 300 Litern im Jahresdurchschnitt mit einer Warmwassersolltemperatur von 60 °C betrieben und beträgt die Umgebungstemperatur am Aufstellungsort im Mittel 15 °C, so ist mit einer mittleren Temperaturdifferenz von 45 K zu rechnen. Der Wärmeverluststrom für diese Temperaturdifferenz kann vom Energielabel nach Abb. 3.21 abgelesen werden. Für einen 300-l-Speicher mit der Effizienzklasse $A+$ darf er maximal 36 W betragen, bei der Effizienzklasse C ist ein Wert zwischen 70 und 98 W erlaubt.

Der Bereitschaftswärmeaufwand Q_{st} würde im ersten Fall 0,864 kWh je Tag betragen, bei Klasse C dagegen schon 1,68 bis 2,35 kWh/d. Wird der Speicher das ganze Jahr über bei den genannten Temperaturen betrieben, betragen die jährlichen Wärmeverluste bei einem Speicher der Energieeffizienzklasse C bereits 615 bis 860 kWh/a. Allein zur Deckung dieser Speicherverluste benötigt man eine Kollektorfläche von rund 2 bis 3 m^2 – man sollte beim Kauf also besonders auf energieeffiziente Speicher achten.

Wärmeübertrager

Der Solar-Wärmeübertrager ist die Schnittstelle zwischen dem Kollektorkreis und dem Speicher. Bei dem Wärmeträgermedium im Kollektorkreis handelt es sich meist um Solarflüssigkeit, Speichermedium ist Heizungswasser oder Trinkwasser. Kleinere Solarspeicher bis etwa 2000 Liter Nennvolumen sind vorwiegend mit innenliegenden Rohrwendel-Wärmeübertragern ausgestattet. Abb. 3.18 auf Seite 42 zeigte links das Modell eines bivalenten Solarspeichers mit zwei internen Rohrwendel-Wärmeübertragern.

Das oft verwendete einzöllige Gewinderohr mit einem Außendurchmesser von 33,7 mm besitzt eine spezifische Außenwandfläche von etwa 0,1 m^2 je m Rohrlänge. Es wird vom Hersteller zuerst durch stirnseitiges Verschweißen zur erforderlichen Länge zusammengesetzt und dann über eine Dreirollenvorrichtung zu einer Wendel gebogen. Je m^2 Kollektorfläche sollten 0,2 bis 0,3 m^2 Wärmeübertragerfläche eingeplant werden.

Abb. 3.22 zeigt die Beladung eines bivalenten Solarspeichers (300 Liter) über einen Rohrwendelwärmeübertrager mit 1,3 m^2 Übertragerfläche. Die Temperaturdifferenz zwischen Speichereintritt- und -austritt (entsprechend Kollektorvor- und -rücklauf) beträgt knapp 10 K, die aus den Messdaten berechnete Speichertemperatur im mittleren Bereich des Wärmeübertragers ist rund 5 K höher als der Kollektorrücklauf. Der Wärmedurchgangskoeffizient (U-Wert) steigt durch die Abnahme der Viskosität während der Beladung von etwa 250 auf 340 $W/m^2/K$ an.

Bei Kollektorfeldern mit mehr als 15 m^2 Fläche würden interne Rohrwendelwärmeübertrager für den Speichereinbau zu groß werden. Als externe Wärmeübertrager haben sich Plattenwärmeübertrager bewährt, die aus 20, 50 oder gar 100 profilierten Edelstahlplatten gefertigt werden (Abb. 3.23) Die Platten mit nur wenigen Millimetern Abstand trennen die beiden Flüssigkeiten voneinander. In dieser Bauweise sind extrem gute Wärmedurchgangskoeffizienten von bis zu 3000 $W/m^2/K$ und mehr realisierbar, sodass je m^2 Kollektorfläche nur 0,03 bis 0,07 m^2

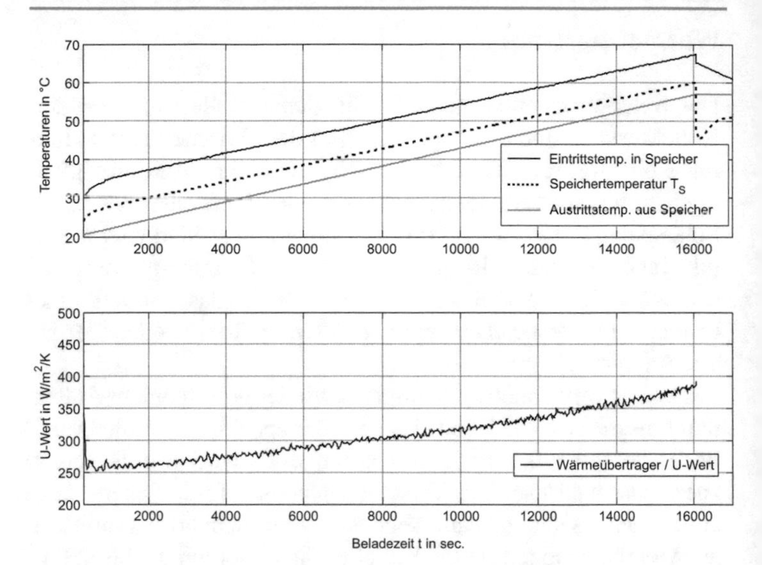

Abb. 3.22 Messdaten der Beladung eines 300-Liter-Speichers über den unteren (Solar-)-Wärmeübertrager bei einer konstanten Beladeleistung von 3000 W

Abb. 3.23 Vereinfachte Schnittdarstellung eines Plattenwärmeübertragers. Die heiße Flüssigkeit strömt oben rechts in den Wärmeübertrager ein und – abgekühlt – unten rechts wieder aus, die kältere wird gegenläufig auf der linken Seite erwärmt

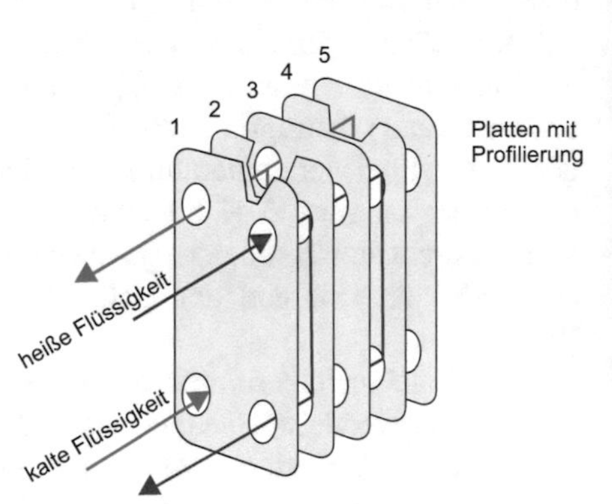

Wärmeübertragerfläche installiert werden müssen. Für die richtige Dimensionierung sollten jedoch die Berechnungsprogramme der Hersteller verwendet werden.

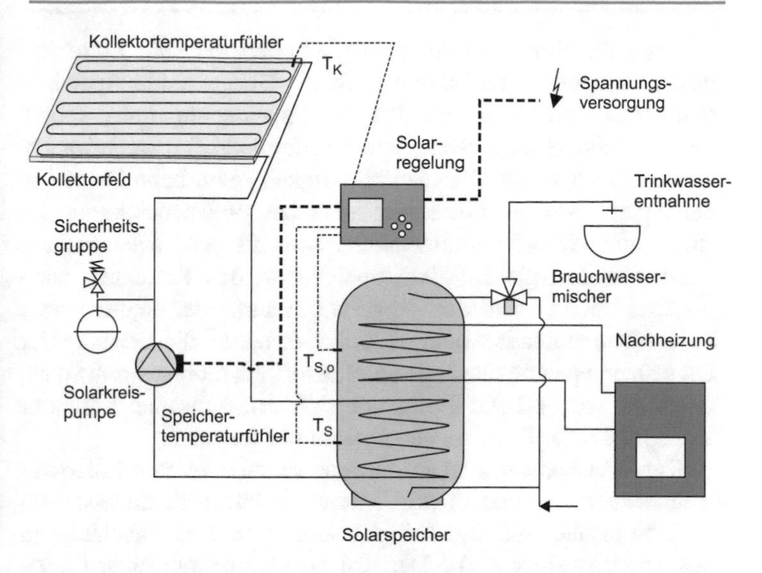

Abb. 3.24 Regelung einer einfachen Solaranlage zur Trinkwassererwärmung mit Sensoren (Temperaturfühler) und Aktoren (Umwälzpumpen)

3.4 Regelung

Die Grundaufgabe der Kollektorkreisregelung besteht in der Beladung des Solarspeichers durch Ein- und Ausschalten der Kollektorkreispumpe. Zu diesem Zweck werden die Kollektortemperatur T_K und die Speichertemperatur T_S über Temperaturfühler gemessen und verglichen. Abb. 3.24 zeigt in einem stark vereinfachten Anlagenschema die Sensorpositionen. Ist die aktuell gemessene Differenz ΔT zwischen T_K und T_S größer als der Einschaltsollwert ΔT_{Ein} (typisch: 6 bis 10 K), so schaltet der Regler über einen Leistungsausgang die Spannungsversorgung für die Umwälzpumpe frei. Die im Kollektor erwärmte Solarflüssigkeit wird im Wärmeübertrager des Speichers abgekühlt und wieder über den Rücklauf zum Kollektor transportiert. Die Temperatur im Speicher steigt nun kontinuierlich an – ebenso wie die Vor- und Rücklauftemperaturen im Kollektorkreis, wie Abb. 3.22 zeigte.

Sinkt die Kollektorfeldleistung, mindert sich die Kollektoraustrittstemperatur und damit auch die Differenz zur Speichertemperatur. Der Regler schaltet die Umwälzpumpe aus, sobald eine einstellbare Mindesttemperaturdifferenz ΔT_{Aus} von etwa 3 K unterschritten wurde. Die Solarflüssigkeit muss beim Eintritt in den Speicher-Wärmeübertrager auch bei Berücksichtigung der Rohrleitungsverluste immer heißer sein als der Speicherinhalt, sonst wird Energie aus dem Speicher in den Kollektor transportiert. Bei matched-flow-Regelungen passt der Regler durch Pulsweitenmodulation oder ähnliche Verfahren die Leistung der Umwälzpumpe und damit den Kollektorfeldvolumenstrom so an, dass eine vorgegebene Temperaturdifferenz zwischen Kollektor und Speicher (z. B. 10 K) eingehalten werden kann.

Der Speicherfühler ist in mittlerer Höhe zwischen Solarwärmeübertragerein- und austritt mit einer Fühlerklemmleiste am Speichermantel befestigt befestigt oder mit einer Tauchhüle in den Speicher eingesteckt. Der Kollektortemperaturfühler für T_K sollte die Temperatur der Solarflüssigkeit im Bereich des Kollektorvorlaufanschlusses im Inneren des Kollektors messen können.

Als zweite Grundfunktion überwacht der Solarregler die Speichermaximaltemperatur. Dazu wird im oberen Speicherbereich die Temperatur $T_{S,o}$ gemessen und mit einem vorgegebenen Sollwert $T_{S,max}$ (meist 95 °C) verglichen. Bei Überschreitung des Sollwertes schaltet der Regler die Kollektorkreispumpe aus.

Bei aufwändigeren hydraulischen Schaltungen übernimmt der Solarregler weitere Steuer- und Regelaufgaben zur Entladung des Speichers, so das Schalten von Zwei- und Dreiwegeventilen, das Ein- und Ausschalten weiterer Pumpen etc. Auf einige dieser Funktionen wird im folgenden Kap. 4 eingegangen. Sinnvoll ist die Integration von Mechanismen zur Funktionskontrolle der Solaranlage in den Regler, mindestens muss die Funktionsfähigkeit der Sensoren überwacht werden. Durch Einbau weiterer Temperatursensoren und von Volumenstrommessgeräten ist auch eine Ertragskontrolle möglich. Eine Messung der solaren Nutzwärmeleistung im Kollektorkreis allein ist aber nicht sinnvoll, wenn andere wichtige Betriebsgrößen wie Einstrahlung oder Trinkwasserverbrauch unbeachtet bleiben.

Anlagen und Systeme 4

Wie wirken die im letzten Kapitel beschriebenen Komponenten einer Solaranlage – Kollektor, Speicher, Regelung – zusammen? Jede Anwendung, sei es solare Trinkwassererwärmung, solare Raumheizungsunterstützung oder solare Prozesswärme, erfordert eine bestimmte Kombination und Dimensionierung der Bauteile.

Anlagen und Systeme werden meist in Hydraulikplänen dargestellt, das sind geometrische Darstellungen der Komponenten, Rohrleitungsverbindungen, Pumpen, Umschaltventile etc. Bevor die verschiedenen Anwendungen betrachtet werden, sollen zunächst die wichtigsten Systemkennwerte zur Beurteilung von Solaranlagen vorgestellt werden.

4.1 Systemkennwerte

Bei optimaler Ausrichtung nach Süden und Neigung zwischen 30° und 50° treffen auf einen Quadratmeter Kollektorfläche pro Jahr rund 1100 kWh Solarstrahlung. Die Ausführungen in Abschn. 2.3 haben gezeigt, dass maximal 70 bis 80 % dieser Energiemenge (also etwa 800 kWh/a) in solare Nutzenergie umwandelbar sind, wenn die Kollektormitteltemperatur bei Umgebungstemperatur liegt. Steigt die Kollektormitteltemperatur z. B. infolge höherer Speichertemperaturen an, so erhöhen sich die

T. Schabbach, P. Leibbrandt, *Solarthermie*, Technik im Fokus,
https://doi.org/10.1007/978-3-662-59488-9_4

Wärmeverluste des Kollektors und der solare Ertrag sinkt (siehe dazu CAO-Ertrag, Abschn. 3.1). Wird dem Speicher im Verhältnis zum eingespeisten solaren Ertrag eine geringere Energiemenge entnommen, muss die Solaranlage bei Erreichen der Maximaltemperaturen im Speicher abschalten und geht in Stagnation. Trotz fortdauernder solarer Einstrahlung kann keine weitere Nutzenergie gewonnen werden und der solare Anlagenertrag sinkt. Die Wärmeverluste des Speichers und in den Rohrleitungen mindern den Ertrag zusätzlich.

Der tatsächliche Ertrag einer solarthermischen Anlage ist also immer abhängig von den Temperaturen des Heizsystems, in das sie eingebunden ist. Eine netzgekoppelte Photovoltaikanlage dagegen kann die gesamte umgewandelte elektrische Energie immer vollständig in das Stromnetz einspeisen.

Die Dimensionierung einer Solaranlage erfolgt in der Regel durch Vorgabe einer gewünschten *Auslastung*, dem Verhältnis der installierten Kollektorfläche zum tatsächlichen sommerlichen Energiebedarf. Der solare Deckungsanteil, die anteilige Energieeinsparung und der Systemertrag geben den Anteil solarer Nutzwärme am Gesamtwärmebedarf in unterschiedlicher Weise an. Diese Begriffe werden nachfolgend vorgestellt.

Der *solare Systemertrag* q_{sol} ist die solare Netto-Energiemenge in kWh, die je m^2 Kollektorfläche im Jahr tatsächlich vom Verbraucher genutzt werden kann. Die Wärmeverluste im Kollektorkreis, in den Rohrleitungen und im Solarspeicher sind dabei schon berücksichtigt. Will man den Systemertrag an einer realen Anlage messen, muss man die Wärmemenge ermitteln, die der „letzte“ Wärmeübertrager der Solaranlage in das Trinkwasser oder den Heizkreis einspeist. In den nachfolgenden Hydraulikskizzen ist diese Stelle jeweils mit einem Pfeil gekennzeichnet.

Bei Trinkwasser-Solaranlagen wird der Systemertrag wesentlich von der Auslastung v_{ausl} beeinflusst, die in der VDI-Richtlinie 6002-1 (Planungs- und Bemessungsregeln für Solaranlagen, [50]) als der auf die Kollektorfeldfläche bezogene Tagesverbrauch an Trinkwarmwasser bei 60 °C definiert ist. Bei Anlagen mit hoher Auslastung werden Systemerträge >500 kWh/m^2/a erreicht, bei geringer Auslastung (und damit langen Stagnationszeiten) sinkt der Systemertrag auf Werte um 350 kWh/m^2/a oder weniger. Grundsätzlich gilt immer: Je höher der Anteil der solaren Nutzenergie am Gesamtbedarf ist, desto niedriger ist der auf die Kollektorfläche bezogene Systemertrag und damit die Effizienz der Solaranlage.

Dimensionierung, Auslastung und Effizienz

An einem wolkenlosen Sommertag treffen auf eine nach Süden geneigte Kollektorfläche etwa 7 bis 8 kWh/m^2 Solarenergie. Rund die Hälfte davon wird (bei Berücksichtigung des Einflusses der steigenden Systemtemperaturen) von der Solaranlage in den Trinkwasserspeicher übertragen. Mit dieser Energiemenge können rund 65 Liter Trinkwasser bei einer Kaltwassertemperatur von 13 °C auf 60 °C erwärmt werden.

Wenn z. B. in einem Mehrfamilienhaus am Tag 1300 Liter Warmwasser (mit 60 °C) benötigt werden, könnte eine Kollektorfläche von 20 m^2 (1300 Liter pro Tag, geteilt durch 65 Liter pro m^2) an einem Sommertag die nötige Energiemenge zur Trinkwassererwärmung allein liefern. Die Anlage würde ohne Stillstand durchlaufen.

Wären bei gleichem Verbrauch dagegen 40 m^2 Kollektorfläche installiert, hätte der Solarspeicher vermutlich schon zur Mittagszeit seine Maximaltemperatur erreicht und die Regelung daraufhin die Solaranlage abgeschaltet. Bei anhaltender Solarstrahlung würde die Anlage dann in Stagnation gehen. Der im Jahr erzielbare flächenspezifische Systemertrag q_{sol} würde geringer ausfallen.

Die Auslastung der beschriebenen 20 m^2-Anlage beträgt nach VDI-Definition 1300 l/d pro 20 m^2, also v_{ausl} = 65 l/(d m^2), die Auslastung der 40 m^2-Anlage dagegen nur 33 l/(d m^2).

Solaranlagen zur Heizungsunterstützung erreichen geringere Systemerträge als Anlagen zur Trinkwassererwärmung, da sie meist größer dimensioniert werden. Je nachdem, welchen solaren Deckungsgrad man erreichen will und abhängig davon, mit welchen Temperaturen das Heizungssystem arbeitet, werden Systemerträge zwischen 250 und 400 kWh/m^2/a erreicht. Kap. 6 zeigt in konkreten Beispielen, wie der Systemertrag beeinflusst wird. Im Kap. 5 wird gezeigt, dass vor allem der solare Systemertrag die Wirtschaftlichkeit der Solaranlage bestimmt.

Abb. 4.1 (links) zeigt stark vereinfacht die Energiebilanzierung einer Solaranlage zur Trinkwassererwärmung mit bivalentem Speicher und daran angebundener Nachheizung. Der *solare Deckungsanteil* f_{sol} ist das Verhältnis des jährlichen solaren Systemertrags Q_{sol} zum jährlichen Nutzenergiebedarf Q_D, der zur Erwärmung des gesamten Trinkwasservolumens eines Jahres von Kaltwasser- auf Warmwassersolltemperatur erforderlich ist.[1] Bei großen Solaranlagen zur Trinkwassererwärmung werden Deckungsanteile von etwa 35 % angestrebt, um das wirtschaftliche Optimum zu erreichen. Dazu ist die Anlage mit einer Auslastung von etwa 65 l/(d m^2) zu dimensionieren. Bei halbierter Auslastung erreicht der solare Deckungsanteil etwa 50 bis 60 %, jedoch sinkt der solare Systemertrag und damit die Wirtschaftlichkeit.

Für wissenschaftliche Zwecke ist der Deckungsanteil zu ungenau, da er nicht exakt angibt, welcher Anteil an Zusatzenergie (etwa Heizöl oder Erdgas) durch die Solaranlage tatsächlich eingespart werden könnte. Grund dafür sind die notwendigen Änderungen am Speichersystem. Bei einem konventionellen System zur Trinkwassererwärmung versorgt der Heizkessel einen eher klein dimensionierten monovalenten Speicher mit Energie (Abb. 4.1 rechts), der auch weniger Wärmeverluste aufweist.

Die *anteilige solare Energieeinsparung* f_{sav} setzt den nach Einbau einer Solaranlage verbleibenden Bedarf an Zusatzendenergie $Q_{aux,EE}$ ins Verhältnis zum Endenergiebedarf des konventionellen

[1] Es finden sich auch andere Definitionen für f_{sol}, daher sollte man bei Deckungsgrad-Angaben immer nachfragen, wie diese genau definiert wurden.

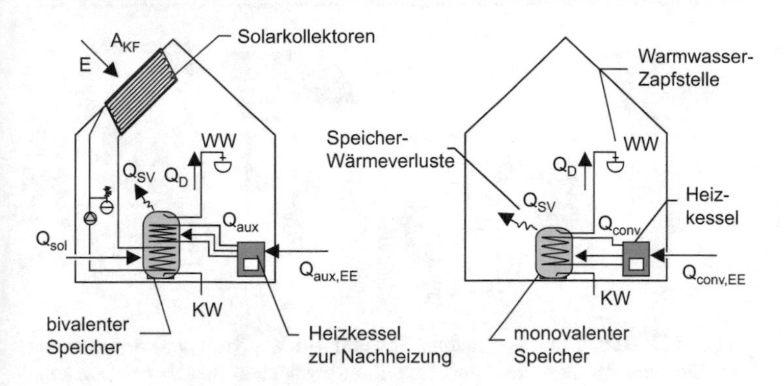

Abb. 4.1 Zur Definition des solaren Deckungsanteils f_{sol} (links) und der anteiligen Energieeinsparung f_{sav} (links + rechts)

Heizsystems $Q_{conv,EE}$ (vgl. Abb. 4.1). Um die dem Heizkessel zuzuführende Endenergie zu bestimmen, muss dessen (sommerlicher) Nutzungsgrad mitberücksichtigt werden, der standardmäßig zu 70 % gesetzt wird. Der Systemkennwert f_{sav} ist auch zur Bewertung von Solaranlagen zur Heizungsunterstützung geeignet. Dessen Bestimmung erfordert aber immer einen höheren Aufwand, da zwei Simulationsrechnungen (einmal ohne, einmal mit Solaranlage) nötig sind.

4.2 Trinkwassererwärmung

Bis vor einigen Jahren wurden nahezu ausschließlich Solaranlagen zur Trinkwassererwärmung realisiert, Bis vor einigen Jahren wurden nahezu ausschließlich Solaranlagen zur Trinkwassererwärmung und zur kombinierten Heizungsunterstützung (Kombianlagen, mit rund 10 % Marktanteil) realisiert. (auch Kombianlagen genannt). In neuerer Zeit gewinnen Solaranlagen für Prozesswärme und solare Fernwärme zunehmend an Bedeutung.

Kleine Solaranlagen zur Trinkwassererwärmung im Ein- und Zweifamilienhausbereich verfügen typischerweise über einen bi-

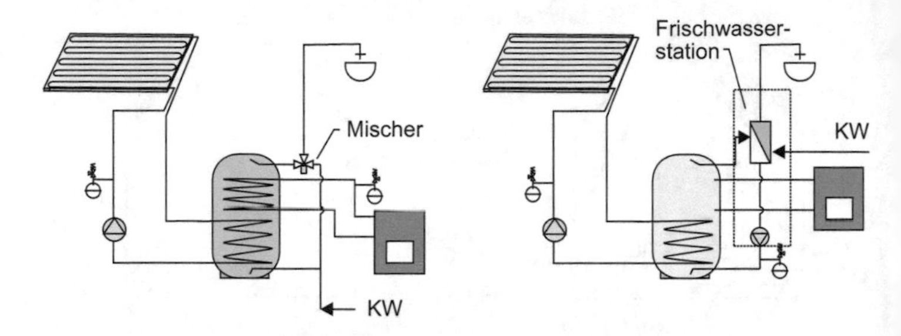

Abb. 4.2 Hydraulikpläne kleiner Solaranlagen zur Trinkwassererwärmung im Ein- und Zweifamilienhausbereich mit bivalentem Speicher (links) bzw. Pufferspeicher und Frischwasserstation (rechts)

valenten Trinkwasserspeicher mit zwei Wärmeübertragern, über die beide Wärmeerzeuger (Solaranlage und Heizkessel) gleichzeitig Energie zuführen können. Abb. 4.2 (links) zeigt das stark vereinfachte Hydraulikschema. Das Trinkwasser selbst ist in diesem Fall das Energiespeichermedium. Im Sommer erreicht das Trinkwasser durch die Solaranlage Maximaltemperaturen von 95 °C. Um die Nutzer vor Verbrühungen zu schützen, muss den Zapfstellen daher immer ein Brauchwassermischer vorgeschaltet sein, der die Temperatur des heißen Wassers aus dem Speicheraustritt durch Beimischung kalten Trinkwassers (KW) auf max. 60 °C reduziert. Kann die Solaranlage das Trinkwasser nicht ausreichend erwärmen, heizt der Nachheizkessel den oberen Teil des Speichers auf die gewünschte Solltemperatur nach. Warmes Wasser hat eine geringere Dichte als kaltes Wasser und „schwimmt" daher im Speicher oben auf (stabile Schichtung).

Eine zweite Variante kleiner Solaranlagen ist in Abb. 4.2 (rechts) gezeigt. Solaranlage und Nachheizung erwärmen hier das Heizungswasser in einem Pufferspeicher, der Heizkessel ist hier direkt angeschlossen. Das Trinkwasser wird über einen Wärmeübertrager direkt auf Solltemperatur erwärmt, dazu entnimmt eine geregelte Umwälzpumpe dem Pufferspeicher oben (solar) erwärmtes Heizungswasser und speist es abgekühlt unten in den Pufferspeicher wieder ein. Wärmeübertrager, Pumpe und Regelung sind oft in einem separaten Gehäuse vorinstalliert und werden dann als Frischwasserstation bezeichnet. Die Regelung muss mit Hilfe von Sensoren zur Temperaturmessung und zur Erkennung der Warmwasserzapfung (einfache Paddelschalter oder Volumenstrommesswertgeber) bei Bedarf die Umwälzpumpe einschalten und deren Förderleistung regulieren, um die vorgewählte Warmwasser-Solltemperatur zu erreichen.

Diese Hydraulikschaltung mit solarem Pufferspeicher bietet zwei Vorteile: Die Gefahr der mikrobiellen Verkeimung des Trinkwassers ist erheblich reduziert und die Kombination der Solaranlage mit einem Festbrennstoffkessel, einem Pelletheizkessel oder einer Wärmepumpe wird erheblich vereinfacht. Zudem kann auf einfache Weise eine solare Heizungsunterstützung realisiert werden.

Trinkwasserhygiene

In den vergangenen Jahrzehnten traten immer wieder Krankheitsfälle auf, die durch mikrobiell verkeimtes Trinkwasser verursacht waren. Das Krankheitsbild bei einer Legionellen-Infektion ähnelt dem einer schweren Grippe bzw. Lungenentzündung und wird daher oft nicht richtig diagnostiziert.

In Deutschland hat man Regeln zur Planung, Installation und zum Betrieb von Trinkwassererwärmungsanlagen vorgelegt, die eine Verkeimung des Trinkwassers verhindern sollen [20, 52]. Diese technischen Regeln bzw. Richtlinien gelten für alle Trinkwasser-Installationen und haben damit auch Auswirkungen auf die hydraulische Gestaltung von Solaranlagen.

Anlagen mit einem Trinkwasserspeicherinhalt <400 Liter und mit einem Rohrinhalt von max. 3 Liter zwischen Speicher und Entnahmestelle sowie alle Trinkwassererwärmungsanlagen in Ein- und Zweifamilienhäusern sind als Kleinanlagen definiert. Alle anderen Anlagen sind Großanlagen und unterliegen besonderen Anforderungen:

- Die Anlagen müssen so geplant, errichtet und betrieben werden, dass am Warmwasseraustritt des Trinkwasserspeichers immer Temperaturen $\geq$60 °C eingehalten werden,
- der Inhalt aller Trinkwasserspeicher (auch der Vorwärmspeicher) muss einmal täglich mindestens auf 60 °C erwärmt werden,
- mit Hilfe eines Zirkulationssystems ist das Trinkwasser im Warmwassernetz ständig im Kreislauf zu führen (max. 8 h Abschaltzeit pro Tag), dabei muss der Zirkulationsrücklauf in den Speicher immer eine Temperatur $\geq$55 °C aufweisen.

Es wird empfohlen, diese Maßnahmen auch in Trinkwassererwärmungsanlagen von Ein- und Zweifamilienhäusern anzuwenden. Warmwassersolltemperaturen von 50 °C dürfen nur dann eingestellt werden, wenn im Betrieb ein Wasseraustausch innerhalb von 3 Tagen sichergestellt werden kann. Betriebstemperaturen unter 50 °C sind in jedem Fall zu vermeiden.

Kleinanlagen – Praxiswerte

Die beschriebenen kleinen Trinkwassererwärmungsanlagen sind von den Herstellern als Komplettpakete zu beziehen und kosten bei einer Kollektorfläche von 4 bis 6 m^2 je nach Ausstattung etwa 900 €/m^2 incl. MwSt., die Installation zusätzlich rund 1000 €. Hier gibt es große Unterschiede bei den Angeboten von Handwerkern, es lohnt sich, einen Betrieb mit viel Erfahrung im Bau von Solaranlagen auszuwählen. Um in den Sommermonaten ohne Raumheizungsbedarf den Heizkessel komplett abschalten zu können, ist eine Auslastung von etwa 20 bis 40 l/m^2/d anzustreben.

Der Systemertrag erreicht dabei Werte nur von rund 350 kWh/m^2/a, der solare Deckungsgrad f_{sol} beträgt dann aber mehr als 60 %.

Die Bezeichnung „Große Solaranlagen zur Trinkwassererwärmung“ wird bei Anlagen mit mehr als 20 m^2 Kollektorfläche für Mehrfamilienhäuser sowie Einzelobjekte wie Krankenhäuser, Hallenbäder und Wohnheime verwendet. Von der Vielzahl realisierter Systemschaltungen werden nachfolgend zwei Varianten vorgestellt, die sich in der Praxis bewährt haben und auch in der VDI-Richtlinie [50] behandelt werden. Eine dritte Hydraulikvariante ist in Abschn. 6.2 beschrieben.

Große Solaranlagen zur Trinkwassererwärmung werden mit solaren Pufferspeichern geplant, um das Verkeimungsrisiko zu minimieren. Abb. 4.3 gibt die verbreitetste Variante wieder. Die Solaranlage speist ihre Energie über einen externen Platten-Wärmeübertrager („Belade-WÜT“) in das Betriebswasser des Pufferspeichers ein. Ist die Temperatur im oberen Bereich des Pufferspeichers höher als im solaren Vorwärmspeicher, schaltet der Entladekreis ein, über den Entlade-Wärmeübertrager wird das Trinkwasser im Vorwärmspeicher vorgewärmt. Die Regelung des Heizkessels überwacht die Temperatur im Bereitschaftsspeicher (oder Nachheizspeicher) und schaltet bei Bedarf den Heizkessel zu. In Abb. 4.3 ist zusätzlich der Zirkulationskreislauf dargestellt, dessen Rücklauf in den Bereitschaftsspeicher gespeist wird. Bei aktivierter Legionellenschaltung zur thermischen Desinfektion wird das vom Heizkessel im Platten-Wärmeübertrager auf hohe Temperaturen (>70 °C) erwärmte Trinkwasser durch Nachheizspeicher und Vorwärmspeicher geleitet.

Eine ebenfalls oft realisierte Systemvariante (Abb. 4.4) verzichtet auf den solaren Vorwärmspeicher. Hier muss bei jeder Warmwasserentnahme die solarthermische Energie aus dem Pufferspeicher über den Entlade-Wärmeübertrager an den Kaltwasserzulauf übertragen werden. Durch die Wärmeübertragung an das Kaltwasser wird ein besonders niedriges Temperaturni-

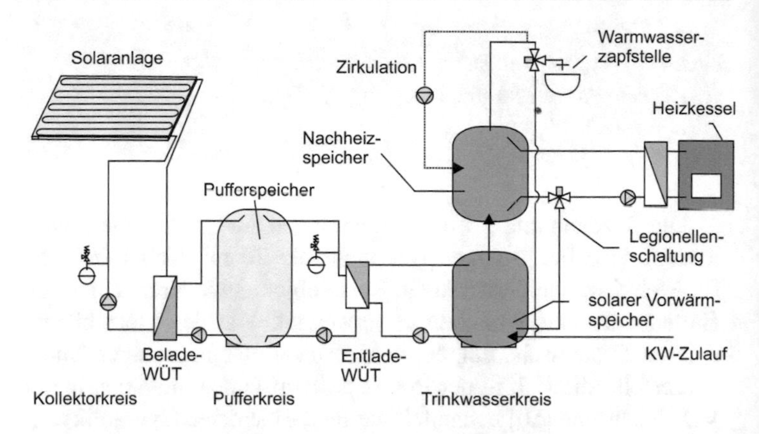

Abb. 4.3 Hydraulikplan einer großen Solaranlage zur Trinkwassererwärmung mit solarem Pufferspeicher und solarem Vorwärmspeicher

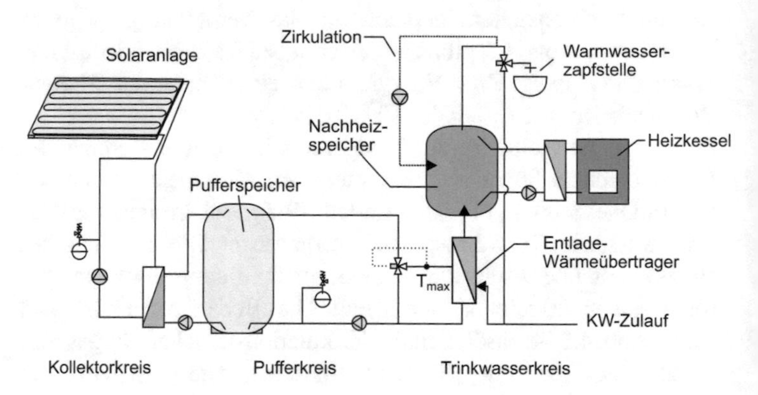

Abb. 4.4 Hydraulikplan einer großen Solaranlage zur Trinkwassererwärmung mit solarem Pufferspeicher und Endlade-Wärmeübertrager

veau im Rücklauf zum solaren Pufferspeicher erreicht und damit der solare Systemertrag erhöht. Die Auslegung des Entlade-Wärmeübertragerkreislaufs ist jedoch anspruchsvoll, da der Entnahmevolumenstrom sowohl an die maximalen Zapfvolumenströme als auch an kleinste Zapfraten angepasst werden muss.

Großanlagen – Praxiswerte

Große solare Trinkwassererwärmungsanlagen sind trotz ihres komplexeren Aufbaus kostengünstiger als kleine Anlagen, die spezifischen System-Investitionskosten betragen bei 20 m^2 Fläche etwa 700 € /m^2. Die Preise sinken mit zunehmender Größe der Anlage. Im Wohnungsbau, bei Studentenwohnheimen, in Krankenhäusern und bei Altenheimen werden die Anlagen meist so ausgelegt, dass materialbelastende Stillstandszeiten vollständig vermieden werden und ein Systemertrag von über 450 kWh/m^2/a erreicht wird. Der solare Deckungsgrad beträgt dann aber nur etwa 35 %. Bei dieser Auslegung „kostet" die kWh solarer Nutzwärme rund 0,08 bis 0,14 € /kWh_{th}, dabei sind die zusätzlichen Investitionen für die Solaranlage und deren jährliche Betriebskosten (Instandhaltung und elektrischer Hilfsenergiebedarf) berücksichtigt. Die konventionell erzeugte kWh solarer Nutzwärme kostet je nach Nutzungsgrad des Heizkessels und Brennstoffkosten im Vergleich etwa 0,08 bis 0,17 € /kWh. Bei entsprechender Auslegung sind große Solaranlagen zur Trinkwassererwärmung also schon bei heutigen Energiepreisen wirtschaftlich.

4.3 Heizungsunterstützung

Solaranlagen können bei größerer Dimensionierung auch einen Teil der erforderlichen Nutzenergie zur Raumheizung abdecken. Bei Betrachtung der Hydraulikpläne der am Markt angebotenen Systeme finden sich zwei Varianten besonders häufig, auf die detaillierter eingegangen wird.

Eine heizungsunterstützende Solaranlage mit Rücklauftemperaturanhebung ist in Abb. 4.5 gezeigt. Die Solaranlage gibt die Energie über einen externen Belade-Wärmeübertrager in den Pufferspeicher ab. Die Trinkwassererwärmung erfolgt hier über eine Frischwasserstation direkt aus dem Pufferspeicher. Alterna-

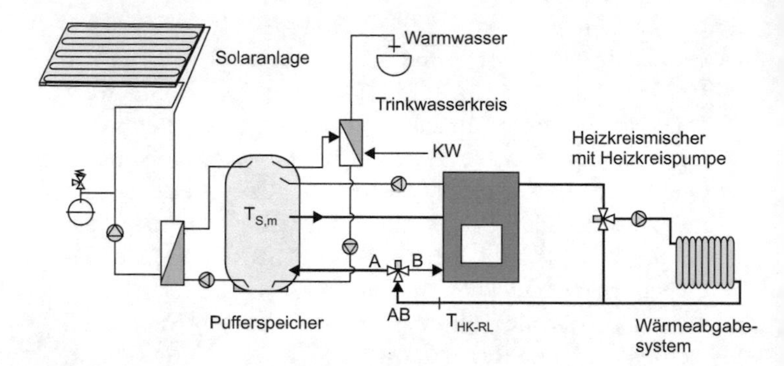

Abb. 4.5 Hydraulikplan einer Solaranlage zur kombinierten Trinkwassererwärmung und Heizungsunterstützung mit solarem Pufferspeicher und Rücklaufanhebung

tiv dazu wäre die Trinkwassererwärmung z. B. auch über einen Tank-in-Tank-Speicher nach Abb. 3.18, Seite 42 realisierbar. Der Heizkessel versorgt das Wärmeabgabesystem (hier Radiatoren) mit Heizungswasser, dessen Vorlauftemperatur in Abhängigkeit von der Außentemperatur und der Heizkreisauslegung geregelt ist. Der eingezeichnete Heizkreismischer ist dann erforderlich, wenn die maximal zulässigen Temperaturen im Wärmeabgabesystem begrenzt sind, z. B. bei der Fußbodenheizung mit max. 40 °C.

Die Rücklauftemperatur aus dem Wärmeabgabesystem (T_{HK-RL} im Bild) wird vom Solarregler mit der aktuellen Temperatur in der Mitte des Pufferspeichers $T_{S,m}$ verglichen. Ist die Temperatur im Speicher höher, schaltet der Solarregler das Dreiwegeventil im Rücklauf in die Position AB $\rightarrow$ A, der Heizkreisrücklauf fließt unten in den Pufferspeicher, das solar vorgewärmte Pufferspeicherwasser über den mittigen Rohranschluss in den Heizkessel. Sind die Speichertemperaturen geringer als im Rücklauf, schaltet das Dreiwegeventil zurück in die Position AB $\rightarrow$ B, der Rücklauf aus dem Wärmeabgabesystem wird nun wieder direkt in den Heizkessel geleitet.

Die Schaltung des solaren Pufferspeichers als hydraulische Weiche nach Abb. 4.6 ist besonders dann interessant, wenn

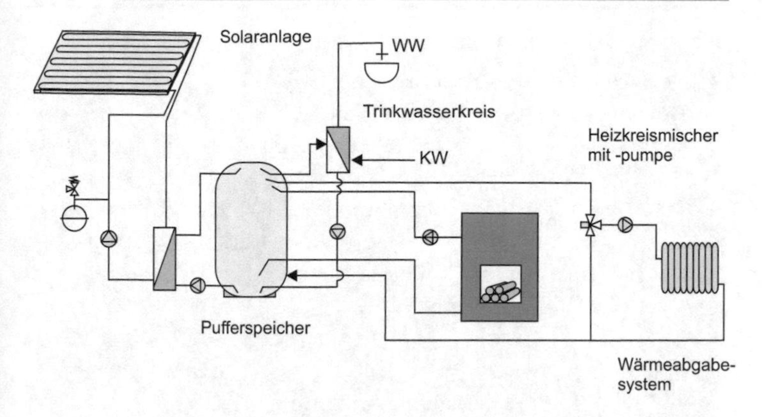

Abb. 4.6 Hydraulikplan einer Solaranlage zur kombinierten Trinkwassererwärmung und Heizungsunterstützung mit Schaltung des solaren Pufferspeichers als hydraulische Weiche

ein Wärmeerzeuger eingesetzt wird, der aufgrund seiner vorgegebenen oder gewünschten Mindestlaufzeit die Heizenergie in einen Pufferspeicher abgeben muss (z. B. Festbrennstoffkessel). Aber auch Pelletheizkessel und Wärmepumpen erreichen höhere Nutzungsgrade, wenn durch Pufferung kurzzeitiges Takten vermieden wird. Zudem sind mit der beschriebenen hydraulischen Schaltung Hybridanlagen realisierbar, die mehrere Wärmeerzeuger, z. B. Wärmepumpe und Gasbrenner kombinieren. Zu dieser interessanten Lösung v. a. für Bestandsgebäude später mehr.

Sowohl der Heizkreis als auch die Frischwasserstation (als „Wärmesenken“) entnehmen dem Pufferspeicher im oberen Bereich direkt Heizungswasser. Das abgekühlte Heizungswasser wird jeweils dem unteren Speicherbereich wieder zugeführt. Als „Wärmequelle“ dienen sowohl der Heizkessel als auch die Solaranlage, beide speisen in den Puffer ein. Es ist naheliegend, den Pufferspeicher in diesem Hydrauliksystem auch als „Wärmemanager“ zu bezeichnen, wie dies einige Hersteller tun.

Heizungsanlagen – Praxiswerte
Heizungsunterstützende Solaranlagen sind von den Herstellern als Komplettpakete zu beziehen und kosten bei einer Kollektorfläche von 10 m^2 bzw. Speichergröße von 700 Litern je nach Ausstattung etwa 8000 €, größere Anlagen mit 15 m^2/1000 Litern etwa 12.000 € ([10], mit Mwst.). Anlagen mit Vakuumröhrenkollektoren sind meist um einige 1000 € teurer.

Das Pufferspeichervolumen für heizungsunterstützende Solaranlagen wird etwas größer gewählt als bei Anlagen zur Trinkwassererwärmung – man empfiehlt hier rund 70 Liter pro m^2 Kollektoraperturfläche bei einem Deckungsanteil bis 30 %, bei höheren Deckungsanteilen sollten 100 Liter/m^2 installiert werden.

Die kleineren Pakete erreichen anteilige Energieeinsparungen f_{SAV} von etwa 20 %, die größeren Anlagen 25 bis 30 %. Der Systemertrag q_{sol} ist mit 250 bis 400 kWh/m^2/a aufgrund der langen Stagnationsphasen im Sommer geringer als bei Solaranlagen zur ausschließlichen Trinkwassererwärmung. Ein höherer solarer Deckungsanteil führt immer zu geringeren flächenspezifischen Systemerträgen. Niedrige Temperaturen im Wärmeabgabesystem verbessern den solaren Ertrag, da der Kollektor früher eingeschaltet werden kann. Radiatorheizkörper benötigen eine Temperaturspreizung von 60/45 °C, Fußbodenheizungen begnügen sich mit max. 40/30 °C und sind daher besonders für den Betrieb von Solaranlagen geeignet.

4.4 Prozesswärme

Als solare Prozesswärme wird solar bereitgestellte Wärme bezeichnet, „die in Betrieben zur Herstellung, Weiterverarbeitung oder Veredelung von Produkten oder zur Erbringung einer Dienstleistung mit Prozesswärmebedarf“ genutzt wird [8]. Für Fördermaßnahmen ist auch eine anteilige Nutzung zur Trinkwassererwärmung bzw. Raumheizung zulässig.

In einer Ende 2011 erschienenen Studie der Universität Kassel [35] wird eine Abschätzung des Potenzials für solare Prozesswärme gegeben. Danach betrug im Jahr 2007 der gesamte industrielle Nutzwärmebedarf 509 TWh/a. Bei einem angenommenen Nutzungsgrad von 75 % mussten von der Industrie zu deren Deckung 678 TWh/a Endenergie aufgewendet werden, dies entspricht fast einem Drittel des bundesdeutschen Endenergiebedarfs (2384 TWh/a in 2007). Um das solare Potenzial zu ermitteln, wurden von den Forschern detailliert Prozessketten untersucht und geeignete Branchen identifiziert. Wichtigstes Kriterium für die Eignung ist die Nutztemperatur, bei der der Wärmebedarf anfällt. Hierbei wurden drei Bereiche unterschieden:

- Eine Nutztemperatur von <100 °C wird beim Erhitzen von Reinigungs- und Spülwässern (Ernährungsgewerbe) oder Beheizen industrieller Bäder (Galvanik) nicht überschritten. Hierzu zählt auch der industrielle Wärmebedarf zur Raumheizung und Trinkwassererwärmung. Dieser Temperaturbereich ist besonders interessant, da er zum Teil noch mit kostengünstigerer Flachkollektortechnik erschlossen werden kann.
- In einem Nutztemperaturbereich von 100 bis 150 °C (z. B. Dampfnetze) können nur Vakuumröhrenkollektoren sinnvoll eingesetzt werden.
- Im Nutztemperaturbereich zwischen 150 bis 250 °C sind Vakuumröhrenkollektoren prinzipiell noch einsetzbar, bei ausreichender Direkteinstrahlung konzentrierende Solarkollektoren (Parabolrinnen) jedoch effizienter.

Nach [35] wird ein Viertel des industriellen Nutzwärmebedarfs im Nutztemperaturbereich <250 °C benötigt (129 TWh/a). Dieses theoretische Potenzial ist für solare Prozesswärme aber nicht vollständig erschließbar: So reduzieren bereits einfache Energieeffizienzmaßnahmen wie Wärmerückgewinnung etc. das solare Potenzial, da sie kostengünstiger und schneller umzusetzen sind. Oft sind auch Dachflächen mit geeigneter Größe und Traglast nicht ausreichend vorhanden. Es wurde daher angenommen, dass nur etwa 40 % des theoretischen Potenzials solar erschließbar ist. Bei Annahme eines pauschalen solaren Deckungsanteils von 30 % könnten damit 15,4 TWh/a solarthermisch gedeckt werden, diese Größe wird als technisches Potenzial bezeichnet. Bei Annahme eines mittleren Systemertrags von 450 $kWh/m^2/a$ (d. h. Betrieb mit hoher Auslastung) errechnen die Autoren der Kasseler Studie daraus eine zu installierende Gesamtkollektorfläche von ca. 35 Mio. m^2, entsprechend einer Leistung von ca. 25 GW_{th}.

Die im Jahr 2020 erschienene VDI-Richtlinie zur solarthermischen Prozesswärme [49] schätzt das Potential sogar auf 20 TWh/a in der Industrie und 40 TWh/a im Gewerbe. Umgerechnet müssten dazu in der Summe 150 Mio. m^2 Kollektorfläche installiert werden.

Die in Deutschland bis einschließlich 2020 installierte Kollektorfläche von 21,3 Mio. m^2 entspricht bei einem Umrechnungsfaktor von 0,7 kW/m^2 einer thermischen Leistung von 15 GW. Das technische Potenzial für solare Prozesswärme ist tatsächlich sehr groß, das wirtschaftliche Potenzial aber erheblich geringer – hierbei werden nur die Solaranlagen berücksichtigt, deren solare Gestehungskosten zum heutigen Endenergiepreisniveau wettbewerbsfähig sind.

Solaranlagen zur Erzeugung solarer Prozesswärme sind immer besondere Anlagen, die einer individuellen Planung bedürfen. Daher gehören sie zum sogenannten Projektgeschäft. Erfahrene Planer müssen in einem ersten Schritt direkt vor Ort die Rahmenbedingungen in einem umfassenden Energiekonzept beurteilen. Hier hilft die VDI-Richtlinie zur solarthermischen Prozesswärme [49], nach der eine Grobdimensionierung der Anlage vorgenommen werden kann. In der Richtlinie werden zudem Planungs- und Auslegungskriterien sowie Hinweise zur Systemtechnik und zur Komponentenauswahl gegeben. Zudem können die voraussichtlichen solaren Wärmegestehungskosten abgeschätzt werden.

In den letzten Jahren wurden in Europa schon viele solare Prozesswärmeanlagen in Betrieb genommen, dazu hat vor allem eine attraktive Förderung beigetragen – derzeit werden über das Marktanreizprogramm (MAP) bis 50 % der Kosten (u. a. einschl. Planung) übernommen. Im Abschn. 6.5 werden Beispiele vorgestellt.

Prozesswärme – Fördermöglichkeiten
Das BAFA fördert die Errichtung solarer Prozesswärmeanlagen mit bis zu 50 % der Netto-Investitionskosten. Im Gegenzug muss sich der Betreiber verpflichten, den solaren Systemertrag fortlaufend zu messen und die Daten der ersten 3 Betriebsjahre auf Monatsbasis zur wissenschaftlichen Auswertung zur Verfügung zu stellen. Planung, Installation und Inbetriebnahme müssen nach den Vorgaben der VDI 3988 erfolgen [49]. Weitere aktuelle Informationen, u. a. das Merkblatt „Prozesswärme aus erneuerbaren Energien" [8], sind über das web-Portal www.bafa.de erhältlich.

4.5 Nah- und Fernwärme

Die Wärmeversorgung in Deutschland ist überwiegend dezentral aufgebaut – noch immer stellen Erdgas- und Heizölkessel den weitaus größten Anteil der Wärmeerzeuger. Lediglich 6,6 % der Gebäude bzw. 13,9 % der Wohnungen in Deutschland sind an ein Fernwärmenetz angeschlossen, so schreibt der Bundesverband der Energie- und Wasserwirtschaft (BDEW) in einer Studie [12]. Dagegen werden noch fast 30 % der Wohngebäude (5,8 Mio.) mit einer Öl-Zentralheizung beheizt. Nach der Studie des BDEW könnten davon mehr als eine halbe Mio. auf die klimaschonendere Fernwärme umgestellt werden.

Bei Nah- und Fernwärme wird an zentraler Stelle Heizungswasser erwärmt und in einem Rohrleitungsnetz den Verbrauchern zugeführt. In Hausanschlussstationen wird die Nutzwärme übergeben und dort über Wärmeübertrager das Heizungswasser im Haus bzw. das Trinkwasser erwärmt. Der Einsatz einer zentralen Feuerungsanlage mit großer Heizleistung ermöglicht es, Festbrennstoffe wie Holz oder Holzhackschnitzel, Ersatzbrennstoffe wie Müll sowie Alt- und Restholz in Kraft-Wärme-Kopplung einzusetzen.

Es können aber auch regenerative Energien in Wärmenetze eingebunden werden, besonders dann, wenn es sich um

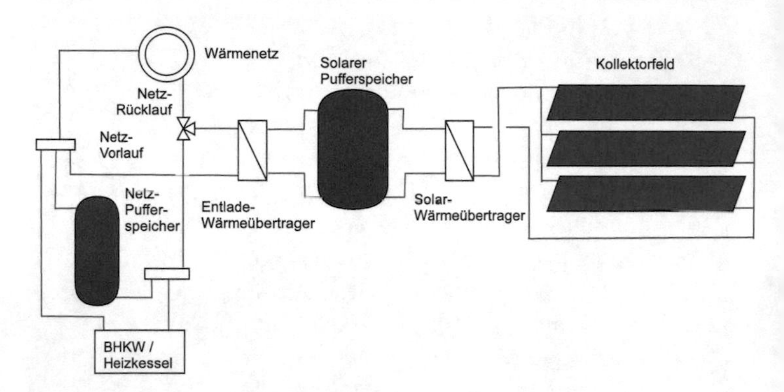

Abb. 4.7 Parallele Einbindung der Solarthermieanlage in das Wärmenetz

Niedertemperatur-Netze handelt: große Solarthermieanlagen, Hochtemperatur-Wärmepumpen, Power-to-Heat-Anlagen und große Saisonalspeicher eigenen sich dazu hervorragend, Gas-BHKW können mit netzgespeistem Biomethan versorgt werden.

Die Unterscheidung zwischen Fernwärme- und Nahwärmenetzen ist nicht genau festgelegt, der Übergang ist fließend. Die typische Anschlussleistung von Nahwärmenetzen beträgt eher zwischen 50 kW und einigen MW, in großen Fernwärmenetzen erreichen die Heizkraftwerke thermische Leistungen von einigen 100 MW.

Abb. 4.7 zeigt die Einbindung einer solarthermischen Anlage mit Kollektorfeld (oft mehrere Tausend m^2) und solarem Pufferspeicher in ein Fernwärmesystem. Die Anlage arbeitet im Parallelbetrieb zu den konventionellen Wärmeerzeugern, erwärmt den Netzrücklauf also direkt auf die Soll-Vorlauftemperatur. Der Solar-Wärmeübertrager trennt die (frostgeschützte) Solarflüssigkeit vom Betriebswasser im Pufferspeicher und der Entlade-Wärmeübertrager den Pufferspeicher vom Netzinhaltswasser.

Würde das Kollektorfeld ohne Speicher direkt in das Wärmenetz einspeisen, wären bei Vermeidung des Stagnationsbetriebs nur wenige Prozent Deckungsanteil erzielbar. Solare Nah- oder Fernwärmeanlagen mit sogenannten Kurzzeitwärmespeichern erreichen Deckungsanteile von 10 bis 20 %, wenn das spezifische

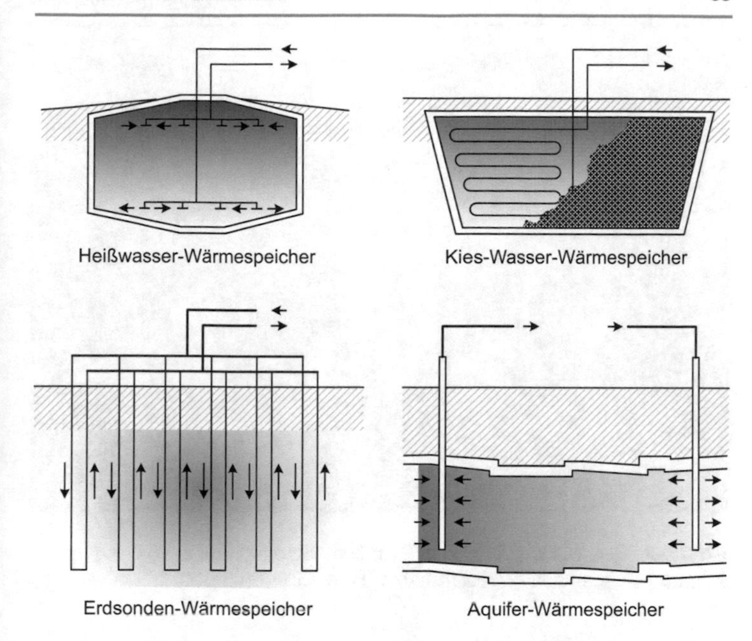

Abb. 4.8 Bautechnische Realisierungen von Saisonalwärmespeichern

Speichervolumen rund 120 Liter pro m^2 Kollektorfläche beträgt. Diese Anlagen sind dann so ausgelegt, dass sie die sommerliche Wärmelast des Netzes decken können. Deckungsanteile von mehr als 20 Prozent erfordern immer den Einsatz von Langzeit- oder Saisonalwärmespeichern mit erheblich höheren spezifischen Speichervolumina.

Langzeitspeicher zur saisonalen Wärmespeicherung können durch verschiedene Speicherkonzepte realisiert werden. Sie unterscheiden sich durch ihr Speichermedium und den Speicherort. In Abb. 4.8 sind Heißwasser-, Kies-Wasser-, Erdsonden- und Aquifer-Wärmespeicher schematisch dargestellt.

Heißwasser-Saisonalwärmespeicher werden im Gebäude oder im Erdreich integriert ausgeführt. Als Baumaterial dient meist Beton (Abb. 4.9), der entweder mit Edelstahl oder speziellen wasserundurchlässigen Betonschichten ausgekleidet ist. Neben Beton können auch Stahl oder glasfaserverstärkte Kunststoffe

Abb. 4.9 Bau eines 12.000 m^3 großen Betonspeichers zur Langzeit-Wärmespeicherung in Friedrichshafen (Foto: ITW Stuttgart)

als Umhüllungsmaterial zum Einsatz kommen. Die Seitenbereiche des Speichers sowie der Deckel werden mit Blähgranulat, Schaumglas oder Mineral- bzw. Glasfasern gedämmt. Heißwasserspeicher werden mit einem spezifischen Volumen von 1,5 bis 2,5 m^3/m^2 ausgeführt.

Kies-Wasser-Wärmespeicher (Abb. 4.10) bestehen üblicherweise aus einer mit Kunststofffolie ausgekleideten Grube, in die ein Gemisch aus Kies bzw. Sand und Wasser als Speichermedium eingefüllt und anschließend abgedeckt wird. Ein besonderer Vorteil ist, dass bei dieser Bauart keine tragende Deckenkonstruktion erforderlich ist. Die Speichertemperatur ist aufgrund der zur Abdichtung eingesetzten Kunststofffolie auf unter 90 °C begrenzt. Die Be- und Entladung eines solchen Speichers kann direkt über den Austausch von Speicherwasser oder über eingelegte Rohrschlangen erfolgen.

Bei der Wärmespeicherung über *Erdsonden* wird Erdreich oder Felsgestein des Untergrundes als Speichermedium genutzt. Die Wärmeübertragung erfolgt bei dieser Speicherform über einzementierte U-Rohrsonden aus PE, welche in den Erdboden ein-

Abb. 4.10 Bau eines Kies-Wasser-Wärmespeichers für eine solar unterstützte Nahwärmeversorgung in Eggenstein-Leopoldshafen (Foto: Solites, Stuttgart)

gelassen sind. Die in den U-Rohren zirkulierende Wärmeträgerflüssigkeit kann entweder Wärme an das Erdreich abgeben oder von diesem aufnehmen. Während bei geothermischen Wärmepumpenanlagen mit Erdwärmesonden Abstände von mindestens 6 m einzuhalten sind, sind bei Erdsondenspeichern die Abstände erheblich geringer, um eine höhere Energiespeicherdichte zu erzielen. Die Bohrtiefen betragen dabei 20 bis 100 m bei einem Bohrlochabstand von 1,5 bis 3 m [3].

Aquifer-Wärmespeicher nutzen natürlich vorkommende und nach oben und unten abgeschlossene Grundwasserschichten zur Wärmespeicherung. Da die oberflächennahen Aquifere meist der Trinkwasserversorgung dienen, wird auf Schichten zurückgegriffen, die unterhalb von 100 m liegen. Damit stellen sie hohe Anforderungen an verschiedene Randbedingungen wie Hydrogeologie oder Mikrobiologie.

Die spezifischen Investitionskosten von Saisonalspeichern sinken mit Zunahme der Speichergröße, für große Speichervolumina mit mehreren 1000 m^3 ergeben sich Investitionskosten zwischen 50 und 200 € /m^3, je nach verwendeter Technologie.

Dänemark gilt als Vorreiter der solaren Fernwärmeversorgung: Bis 2016 waren dort bereits 130 Anlagen mit einer Gesamtfläche von 1,3 Mio. m^2 Kollektorfläche verbaut [18]. Im Internet sind die Kenndaten von 26 dieser Anlagen online über ewww.solvarmedata.dk abrufbar. Dänemark hat sich zum Ziel gesetzt, im Jahr 2050 rund 40 % seines Wärmebedarfs durch Solarthermie bereitzustellen – davon 80 % in Form solarer Nahwärme. Großanlagen mit mehreren 10.000 m^2 Kollektorfläche sind schon heute für 200 bis 250 € /m^2 bei einem solaren Systemertrag von 400 bis 500 kWh/m^2/a realisiert werden. Die solaren Wärmegestehungskosten der in Dänemark betriebenen Anlagen werden mit einer Spanne von 3 bis 6 ct/kWh angegeben. Diese sehr niedrigen Gestehungskosten sind auf die sehr einfache und kostengünstige Anlagentechnik zurückzuführen, u. a. werden die Saisonalspeicher als einfache „water pit" ausgeführt, wassergefüllte Gruben, die lediglich mit einer 2,5 mm dicken HDPE-Folie abgedichtet, aber nicht isoliert sind.

4.6 Solares Kühlen

Auf den ersten Blick mag „Solares Kühlen" oder „Solares Klimatisieren" ein Widerspruch darstellen, aber nach kurzem Nachdenken zeigt sich, dass hier Bedarf und Angebot eng miteinander verknüpft sind: Gerade an Sommertagen mit hoher Sonneneinstrahlung wird vor allem im gewerblichen Bereich (Läden, Kaufhäuser, Restaurants, Bürogebäude) besonders viel Kälte zur Klimatisierung benötigt.

Was ist eigentlich Kälte? In der Thermodynamik, der Wärmelehre, ist der Begriff der Kälte gar nicht definiert. Kälte entsteht vielmehr dann, wenn einem Raum oder einem Medium Wärme entzogen wird. Die Temperatur im Raum bzw. im Medium sinkt und der Mensch empfindet das Fehlen der Wärme als Kälte. Die passende Technik zur Erzeugung von Kälte aus Solarstrahlung gibt es bereits seit vielen Jahren, nachfolgend werden zwei völlig unterschiedliche Ansätze beschrieben, das photovoltaische und das solarthermische Kühlen.

Photovoltaisches Kühlen nutzt die herkömmliche Kühltechnik: Klassische Kältemaschinen mit einem mechanischem Kompressor werden über einen Elektromotor angetrieben, der elektrische Energie benötigt. Diese kann von einer Photovoltaikanlage unmittelbar aus der Solarenergie bereitgestellt werden, wie Abb. 4.11 zeigt.

Wie funktioniert eine Kältemaschine? Eigentlich ganz einfach, denn hier werden zwei physikalische Effekte genutzt, die aus dem Alltag bekannt sind: Reibt man reinen Alkohol auf die Haut, verdampft er, indem er der Haut die dazu nötige Wärmeenergie entzieht – zurück bleibt ein angenehmes Kälteempfinden. Ähnlich arbeitet die Kältemaschine, die in Abb. 4.11 vereinfacht skizziert ist: Die beim Verdampfen des Kältemittels benötigte Energiemenge wird dem Kühlwasser bzw. indirekt dem Kühlraum entnommen. Das Kältemittel wird so ausgewählt, dass es bei passenden Temperaturen (z. B. 0 bis 5 °C bei Klima- oder −25 °C bei Tiefkühlanlagen) und technisch gut beherrschbaren Drücken (z. B. 2 bis 5 bar) verdampft.

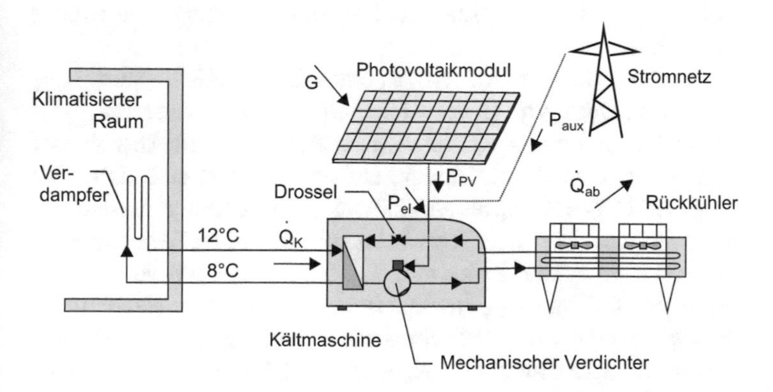

Abb. 4.11 Klimatisierung mit Kompressions-Kältemaschine und Photovoltaikmodul

Nun muss die bei der Verdampfung vom Kältemittel aufgenommene Energie wieder (an anderer Stelle) aus der Kältemaschine herausgebracht werden. Dazu nutzt man die zweite Alltagserfahrung, die man vom Aufpumpen von Fahrradreifen kennt: Die Umgebungsluft wird in der Luftpumpe zusammengeschoben (verdichtet), um einen Druck von 3 bis 4 bar zu erreichen, dabei erwärmt sie sich. In der Kältemaschine erhöht der meist mechanisch angetriebene Kompressor (auch: Verdichter) den Druck im Kältemitteldampf auf 25 bar und mehr. Die Kältemitteltemperatur steigt dabei weit über die Temperatur der Umgebung an. Und damit ist es dann im nächsten Bauteil (dem Rückkühler oder Kondensator) möglich, die Abwärme an die Umgebung abzugeben (Deshalb steigt hinter dem Kühlschrank Warmluft auf, an dessen Rückseite wird nämlich ein Rohrmäander als Kondensator betrieben).

Das Kältemittel wird bei der Wärmeabgabe verflüssigt und gibt dabei die zuvor im Verdampfer und Verdichter aufgenommene Energie wieder vollständig ab. Nun wird das flüssige Kältemittel noch über ein Expansionsventil (Drossel) geführt, um den Druck und damit die Temperatur wieder auf das ursprüngliche Niveau abzusenken. Das Kältemittel ist nun wieder in seinem Ausgangszustand angekommen und kann erneut verdampft werden. Ein solcher Prozess wird deshalb auch als (linksläufiger) Kreisprozess bezeichnet.

In Abb. 4.11 wurde ein Raum mit der Kühlleistung $\dot{Q}_K$ entwärmt. Dazu wird in der Kältemaschine Wasser auf etwa 8 °C abgekühlt und durch Kühlplatten im Raum geführt. Das Wasser nimmt aus dem Raum Energie auf und erwärmt sich dabei auf etwa 12 °C. Die Kompressionskältemaschine benötigt für den Antrieb des mechanischen Verdichters mit Hilfe eines Elektromotors die elektrische Antriebsleistung P_{el}. Erzeugt das PV-Modul nicht genügend Leistung P_{PV}, muss aus dem Stromnetz zusätzlich P_{aux} bezogen werden. Das Verhältnis der Kälteleistung zur benötigten elektrischen Leistung $\dot{Q}_K / P_{el}$ wird als EER (energy efficiency ratio, früher einfach: Kältezahl) bezeichnet.

Berechnungsbeispiel
Je erzeugte kW Kälteleistung ist bei Annahme einer Kälteleistungszahl EER von 3 eine elektrische Antriebsleistung von etwa 330 W_{el} erforderlich. Bei guter Ausrichtung treffen an einem klaren Sommertag rund 1000 W/m^2 Solarstrahlung auf ein Photovoltaikmodul. Bei einem Wirkungsgrad von (je nach Technologie) 8 % bis 14 % erzeugt das Modul daraus eine elektrische Leistung von 80 bis 120 W/m^2. Es werden also rund 3 m^2 Modulfläche benötigt, um eine Kälteleistung von 1 kW zu generieren. Anders ausgedrückt: je kW installierter PV-Leistung (entsprechend 8 bis 12 m^2) können 3 kW Kälteleistung erzeugt werden.

Um die Kältemaschine auch bei Bewölkung oder bei heißen, aber strahlungsarmen Tagen zu betreiben, muss entweder ein (teueres) Batteriesystem als Stromspeicher installiert werden oder eine Anbindung an das Elektrizitätsnetz bestehen. Die Kosten photovoltaischer Kälte sind von sehr vielen Faktoren abhängig, sodasss hier keine Aussagen gemacht werden können.

Beim solarthermischen Kühlen wird ebenfalls altbekannte Technik eingesetzt – die ersten Sorptionskühlanlagen wurden bereits in der zweiten Hälfte des 19. Jahrhunderts eingesetzt, u. a. zur Kühlung von Brauereierzeugnissen. Bei sog. *Absorptionskältemaschinen*[2] ist der in Abb. 4.11

[2]Es gibt auch Adsorptionskältemaschinen. Bei adsorptiven Prozessen lagert sich das gasförmige Kältemittel (Adsorbat) an einen geeigneten Feststoff (Sorbens) unter Freisetzung von Adsorptionswärme an. Die Art der Anlagerung (Adsorption) erfolgt bei hochporösen Materialien rein physikalisch, bei Salzhydraten chemisch-reaktiv. Häufig wird als Adsorbat einfach Wasser/Wasserdampf verwendet. Als Sorbens wird Silikagel oder Zeolith eingesetzt. Das Sorbens kann regeneriert werden, indem durch Energiezufuhr auf höherem Temperaturniveau die Anlagerung rückgängig gemacht wird (Desorption). Adsorption und Desorption sind prinzipiell beliebig oft wiederholbar.

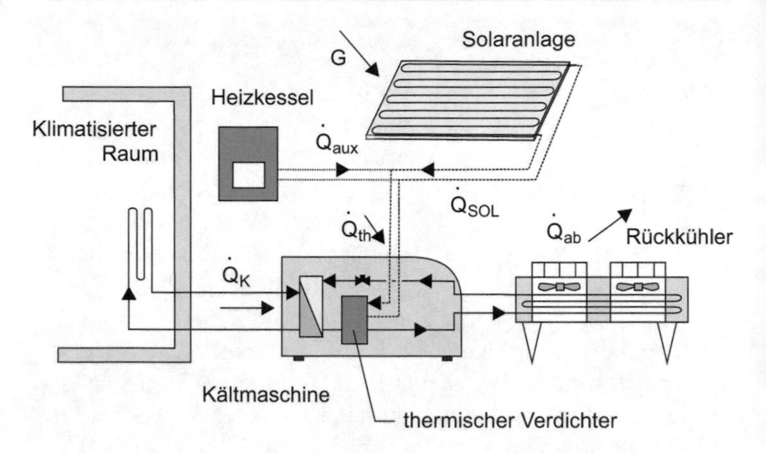

Abb. 4.12 Klimatisierung mit Hilfe einer Kältemaschine mit thermischem Verdichter und Solarkollektoren

sichtbare mechanische Kompressor durch einen thermisch angetriebenen Kompressor ersetzt, der die Heizleistung $\dot{Q}_{th}$ benötigt (Abb. 4.12). Bei ausreichender Sonneneinstrahlung kann diese ganz oder teilweise von einem Solarkollektor gedeckt werden. Je nach Art des verwendeten Kältemittels sind dazu Kollektorvorlauftemperaturen von 65 °C bis 140 °C nötig. Zum solaren Kühlen werden daher meist Vakuumröhren eingesetzt, die auch noch bei diesen hohen Kollektortemperaturen einen guten Wirkungsgrad zeigen. Genügt die Leistung des Kollektorfeldes nicht zum Antrieb des thermischen Verdichters, schaltet ein anderer Wärmeerzeuger zu.

Wie funktioniert ein thermischer Verdichter? Dieser nutzt den Effekt, dass sich einige Kältemittel sehr gut in Flüssigkeiten lösen. Zur Verdichtung des gelösten Kältemittels genügt dann eine einfache Pumpe, sodass auf den energieintensiven Kompressionsprozess verzichtet werden kann. Als Arbeitsstoffpaarung wird Ammoniak/Wasser (NH_3/H_2O) oder Wasser/Lithiumbromid (H_2O/LiBr) eingesetzt, der erstgenannte Stoff bildet dabei das Kältemittel, der zweitgenannte das Lösungsmittel. Die Stoffpaarung Ammoniak/Wasser wird dabei am häufigsten verwendet. Während Ammoniakdampf auch bei sehr tiefen Temperaturen

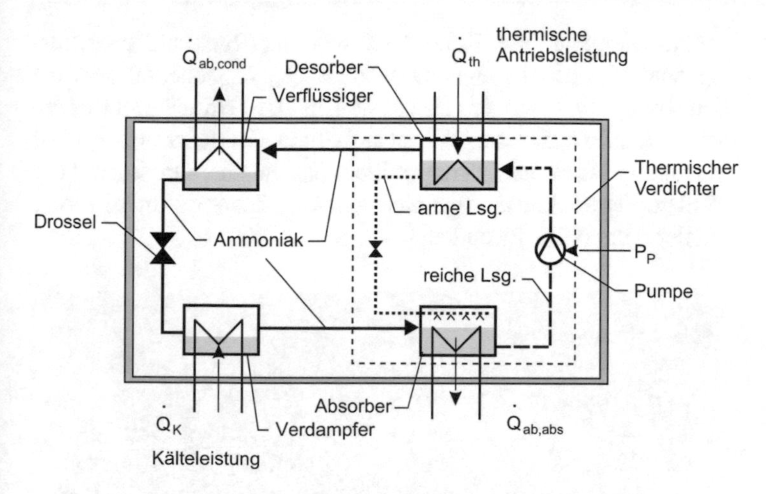

Abb. 4.13 Funktionsweise einer Absorptionskältemaschine

von −40 °C und mehr verdampft werden kann, ist die minimale Verdampfungstemperatur beim Stoffpaar H_2O/LiBr vom Gefrierpunkt des Wassers begrenzt.

Abb. 4.13 zeigt vereinfacht die Funktionsweise des thermischen Verdichters einer Absorptions-Kältemaschine: Ammoniak wird im Verdampfer bei geringem Druck und geringen Temperaturen verdampft und nimmt dabei die Kälteleistung $\dot{Q}_K$ auf. Danach wird das Ammoniak im Absorber in flüssigem Wasser gelöst. Die dabei freiwerdende Absorptionswärme $\dot{Q}_{ab,abs}$ wird über den Rückkühler an die Umgebung abgegeben. Das Lösungsmittel mit dem absorbierten Kältemittel kann nun mit Hilfe einer einfachen Pumpe unter geringem Energieaufwand P_P auf ein höheres Druckniveau gebracht werden. Zur Austreibung (Desorption) des Kältemittels wird ein Solarkollektor und bei Bedarf ein Heizkessel eingesetzt, der die pro Zeiteinheit nötige Desorptionsenergie $\dot{Q}_{th}$ dem Kältemittel zuführt. Der Desorber wird auch als Austreiber, Generator oder einfach Kocher bezeichnet, die Desorptionsleistung als thermische Antriebsleistung. Das Verhältnis der Kälteleistung $\dot{Q}_K$ zur thermischen Antriebsleistung $\dot{Q}_{th}$ ist das sogen. Wärmeverhältnis ζ.

Das ausgedampfte Kältemittel wird im Rückkühler verflüssigt und gibt dabei die Wärmemenge $\dot{Q}_{ab,cond}$ ebenfalls an die Umgebung ab. Nach der Expansion in der Drossel steht es im Verdampfer wieder zur Wärmeaufnahme (Kälteerzeugung) zur Verfügung. Auch das Lösungsmittel muss in einer Drossel auf das Verdampferdruckniveau gebracht werden, bevor es im Absorber wieder Ammoniak lösen kann.

Berechnungsbeispiel
Kältemaschinen mit thermischen Verdichtern erreichen ein Wärmeverhältnis ζ von 0,6 bis 0,7. Je kW Kälteleistung $\dot{Q}_K$ ist also eine thermische Heizleistung $\dot{Q}_{th}$ von rund 1,5 kW erforderlich. Ein CPC-Röhrenkollektor kann bei Vorlauftemperaturen von 95 °C, einer Einstrahlung von 1000 W/m^2 und einer Umgebungstemperatur von 25 °C eine thermische Leistung von rund 0,5 kW je m^2 Bruttofläche aufbringen. Es wird also rund 3 m^2 Kollektorfläche benötigt, um eine Kälteleistung von 1 kW zu generieren – für 3 kW entsprechend 9 m^2 Kollektorfläche. Im Vergleich zum photovoltaischen Kühlen zeigt sich damit eine ähnliche Flächeneffizienz.

4.7 Solarthermische Kraftwerke

Bereits in Abschn. 2.2 wurde erläutert, dass elektrischer Strom aus Strahlungsenergie nicht nur direkt durch Photovoltaik, sondern auch über den Zwischenschritt thermischer Energieerzeugung gewonnen werden kann. Aus dieser wird dann wie in einem konventionellen Kraftwerksprozess mit Verdampfer, Turbine, Generator und Kondensator elektrische Energie gewonnen. Die international übliche Bezeichnung für diese solarthermische Kraftwerke lautet CSP – Concentrated Solar Power.

Der den thermischen Kraftwerken zugrunde liegende thermodynamische Kreisprozess wurde von Clausius und Rankine bereits im 19. Jahrhundert beschrieben. Man benötigt einen Arbeitsstoff, der im Kreislauf geführt wird, also periodisch immer wieder den gleichen Zustand bezüglich Druck und Temperatur einnimmt. Wasser zeigt dabei die besten Eigenschaften, da es billig, ungiftig sowie thermisch stabil ist. Es verfügt zudem über eine hohe spezifische Wärmekapazität, kann also große Mengen thermischer Energie je Masseneinheit und Grad Temperaturerhöhung speichern.

Abb. 4.14 (rechts) gibt in vereinfachter Weise den Kreisprozess eines solarthermischen Kraftwerks wieder, der nachfolgend näher beschrieben werden soll. Die Speisewasserpumpe führt das Arbeitsmittel unter hohem Druck in den Dampferzeuger, der hier von einem Solarkollektorfeld gespeist wird. Dort erfolgt die Übertragung der thermischen Energie des Wärmeträgerfluids auf das Arbeitsmittel, das hierdurch verdampft, also vom flüssigen in den gasförmigen Zustand übergeht. Bei der Verdampfung eines Stoffes werden sehr große Energiemengen aufgenommen. Nach einer anschließenden Überhitzung wird der nun als Frischdampf bezeichnete Arbeitsstoff in die Turbine geführt.

Schon Mitte des 19. Jahrhunderts gelangten Carnot und Clausius zu der Erkenntnis, dass der Umwandlungswirkungsgrad des Kraftwerkprozesses mit der Temperatur des Frischdampfes ansteigt. In modernen Steinkohlekraftwerken werden heute Temperaturen bis 600 °C bei Drücken bis etwa 200 bar erreicht, bei Solarkraftwerken erreicht der Frischdampf „nur" rund 400 °C. Der Frischdampfstrom wird im Inneren der Turbine über Leitschaufeln ausgerichtet und beschleunigt, um dann mit hohem Impuls auf die Laufradschaufeln zu treffen. Beim Aufprall auf die Schaufeln erfolgt eine Energieübertragung an das Laufrad, das wiederum die Turbinenwelle in Rotation versetzt. Diese ist mit dem Generator verbunden, der die mechanische Rotationsenergie in elektrische Energie umwandelt.

In der Turbine gibt der Dampf einen großen Teil seiner thermischen Energie als mechanische Energie (Arbeit) ab, dadurch sinken Temperatur und Druck, erste Flüssigkeitströpfchen entstehen bei der einsetzenden Kondensation. Je niedriger die Temperatur am Turbinenaustritt ist, desto höher ist der erreichbare Wirkungsgrad. Da bei der Kondensation von Wasser Druck und

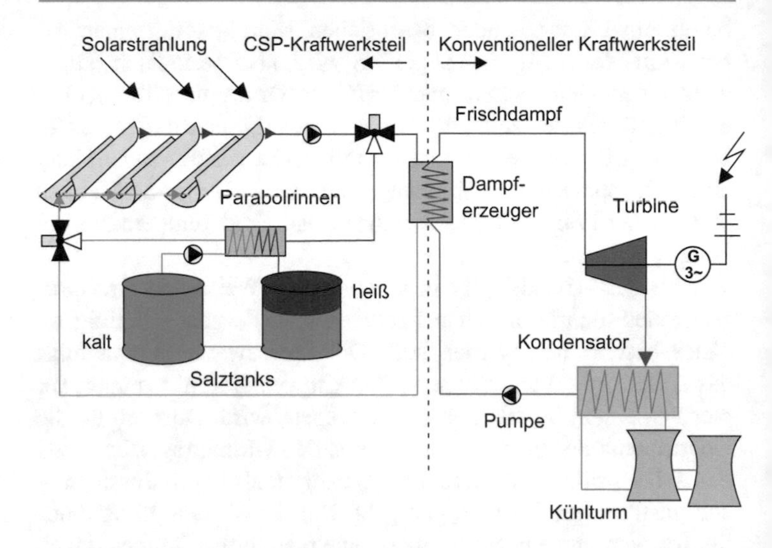

Abb. 4.14 Solarthermisches Kraftwerk mit Salztanks zur Verlängerung der Betriebszeiten

Temperatur fest miteinander verknüpft sind, muss der Gegendruck am Turbinenaustritt im Bereich von 0,05 bar liegen, um bei der nachfolgenden Kondensation Temperaturen von rund 30 °C zu erreichen. Bei Anwendung des in Abschn. 1.2 eingeführten „Zweiten Hauptsatzes der Thermodynamik“ betragen die maximal erreichbaren Wirkungsgrade bei diesen Temperaturen bei 65 % im Kohlekraftwerk bzw. 55 % im CSP.

Bevor das Wasser im Kreislauf wieder in der Speisewasserpumpe auf Hochdruck gebracht werden kann, muss es erst vollständig kondensieren, also zu Flüssigkeit werden. Dazu wird ein sehr großer Wärmeübertrager – ein Kondensator – benötigt, in dem die abzuführende thermische Energie auf einen Kühlkreislauf übertragen wird. Die Temperatur im Kühlkreislauf muss einige Grad unter der Kondensationstemperatur liegen, damit der Wärmestrom übertragen werden kann. Zur Kondensation sind in einem Kraftwerk sehr große Wassermengen erforderlich, die in der Regel einem Fluss entnommen werden. Das Flusswasser darf sich dabei nur um einige Grad erwärmen, da sonst dessen ökologisches Gleichgewicht gestört wird. Die Kondensation wird bei sommerlichem Niedrigwasser durch Kühltürme unterstützt, in denen die thermische Energie durch Verdunstung großer Wassermengen abgeführt wird.

Um Frischdampftemperaturen von zumindest 400 °C zu erreichen, muss die Solarstrahlung vor der Umwandlung aufkonzentriert werden. Dazu werden vor allem Spiegelsysteme, aber auch Linsen eingesetzt. Für Deutschland sind solche Kraftwerkskonzepte wegen des vergleichsweise geringen Anteils direkter – und damit konzentrierbarer – Solarstrahlung nicht sinnvoll. Im Süden Spaniens und in Kalifornien werden Solarkraftwerke dagegen schon heute wirtschaftlich betrieben.

Abb. 4.15 zeigt schematisch eine Auswahl von Strahlungskonzentratoren. Für solarthermische Kraftwerke werden vorwiegend Parabolrinnenkollektoren und Turmkraftwerke mit Heliostatenfeldern eingesetzt, weil hier Strahlungskonzentrationsfaktoren zwischen 100 und 1000 erreicht werden können. Schefflerkollektoren werden beim solaren Koche eingesetzt.

CSP in Spanien

Auf der Hochebene von Guadix (Granada, Spanien) sind seit einigen Jahren die Parabolrinnen-Solarkraftwerke Andasol 1, 2 und 3 in Betrieb [46]. Die Anlagen verfügen jeweils über eine Nennleistung von 50 MW_{el} und erreichen aufgrund der guten Strahlungsbedingungen Vollbenutzungsstunden von 3500 Stunden im Jahr und mehr. Der elektrische Nettowirkungsgrad der Gesamtanlage, bezogen auf die solare Einstrahlung, beträgt 15 Prozent im Jahresmittel und 28 Prozent zu Spitzenzeiten. Die energetische Amortisationszeit wird vom Hersteller mit rund 5 Monaten angegeben.

Um eine möglichst hohe Auslastung zu erreichen, wird bei den Andasol-Kraftwerken ein Teil der solarthermisch gewonnenen Energie nicht direkt an die Turbine abgegeben, sondern in einem Salzspeicher bei Temperaturen um

390 °C zwischengespeichert (vgl. Abb. 4.14). Dazu sind je Kraftwerk etwa 30.000 Tonnen einer speziellen Flüssigsalzmischung nötig, die von 290 °C auf 390 °C erwärmt wird. Mit einem vollen Tank kann jedes Kraftwerk bis zu 7,5 Stunden mit Nennleistung betrieben werden, sodass in den Sommermonaten ein Betrieb teilweise rund um die Uhr möglich ist.

Bis Ende 2016 waren nach [26] weltweit 5,2 GW_{el} installiert, im Jahr 2012 waren es noch 3 GW_{el}. Die heutigen Stromgestehungskosten von CSP-Kraftwerken werden mit 6 ct/kWh_{el} angegeben, PV-Kraftwerke sollen bereits 3 ct/kWh_{el} unterschreiten. Die aktuellen Marktprognosen für CSP-Kraftwerke sind entsprechend eher ungünstig. Dennoch bietet dieser Kraftwerkstyp mit der Möglichkeit der zeitversetzten Stromerzeugung durch

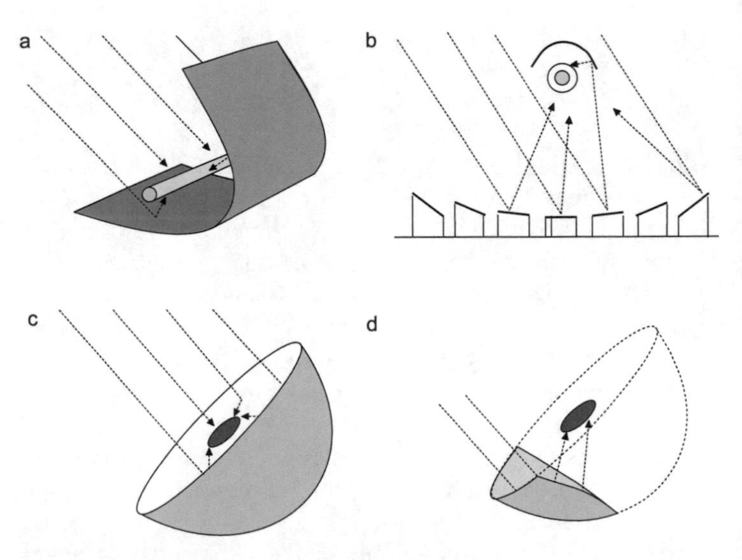

Abb. 4.15 Systeme zur Strahlungskonzentration. (**a**) Parabolrinne, (**b**) Turmkraftwerk mit Heliostatenfeld (**c**) Paraboloid, (**d**) Schefflerkollektor

die Wärmespeicher einen prinzipiellen technologischen Vorteil gegenüber Wind und PV-Strom und könnte zukünftig auch als Stromspeicher eingesetzt werden.

CSP weltweit
Das National Renewable Energy Laboratory (NREL) in den USA bietet einen aktuellen Überblick über CSP-Projekte weltweit. Es können dort Detaildaten für jedes in Betrieb befindliche, im Bau befindliche oder geplante Kraftwerk nachgeschlagen werden unter https://www.nrel.gov/csp/solarpaces/.

5 Wirtschaftlichkeit

Wie teuer ist das Heizen mit Solarwärme? Diese Frage ist nicht so leicht zu beantworten. Viel einfacher dagegen ist der Vergleich konventioneller Wärmeerzeuger: Der Energiegehalt von einem Liter Heizöl entspricht recht gut dem Energieinhalt von einem Kubikmeter Erdgas, Ölkessel sind in der Anschaffung ähnlich teuer wie Gaskessel. Die Erzeugungs- oder „Gestehungskosten" einer kWh Wärme sind bei Gas oder Öl folglich etwa gleich hoch.

Aber schon der Vergleich mit den Wärmegestehungskosten einer Wärmepumpe ist nicht mehr so einfach, da zwar die jährlichen Kosten für die elektrische Antriebsenergie noch einfach bestimmbar sind, die hohen Anschaffungskosten der Wärmepumpenanlage aber natürlich ebenfalls mitberücksichtigt werden müssen. Solaranlagen verursachen dagegen (fast) überhaupt keine jährlichen Kosten mehr, nachdem die Investition für Kauf und Installation einmalig getätigt wurde.

Wie können die jährlich anfallenden Betriebskosten über die Lebensdauer des Wärmeerzeugers mit den einmaligen Anschaffungskosten sinnvoll „verrechnet" werden? Dieses Grundproblem jeder Investitionsrechnung und damit die Frage nach den solaren Gestehungskosten soll nachfolgend beantwortet werden.

T. Schabbach, P. Leibbrandt, *Solarthermie*, Technik im Fokus,
https://doi.org/10.1007/978-3-662-59488-9_5

5.1 Grundlagen der Investitionsrechnung

Abb. 5.1 soll das in der Einleitung beschriebene Problem des Verrechnens von jährlichen und einmaligen Zahlungen illustrieren. Zu Beginn des ersten Kalenderjahres (in der Abb. mit „0" gekennzeichnet") werde z. B. für Kauf und Installation einer Solaranlage mit 15 m^2 Kollektorfläche einmalig ein Betrag 10.000 € aufgewendet, im Bild mit **(A)** gekennzeichnet.

Der Betrieb der Anlage verursacht zudem jährlich (geringe) Kosten **(B)**: Die Solarpumpen benötigen elektrische Hilfsenergie und der Anlagenmonteur erhält für Wartungsarbeiten einen jährlichen Betrag. In der Abbildung ist angedeutet, dass diese jährlichen Ausgaben $k(t)$ mit den Jahren teurer werden, da davon auszugehen ist, dass sowohl die Strombezugskosten als auch die Arbeitskosten im Laufe der nächsten 20 Jahre steigen werden. Diese Preissteigerungsrate j kann 1,5 % pro Jahr oder auch 5 %/a betragen.

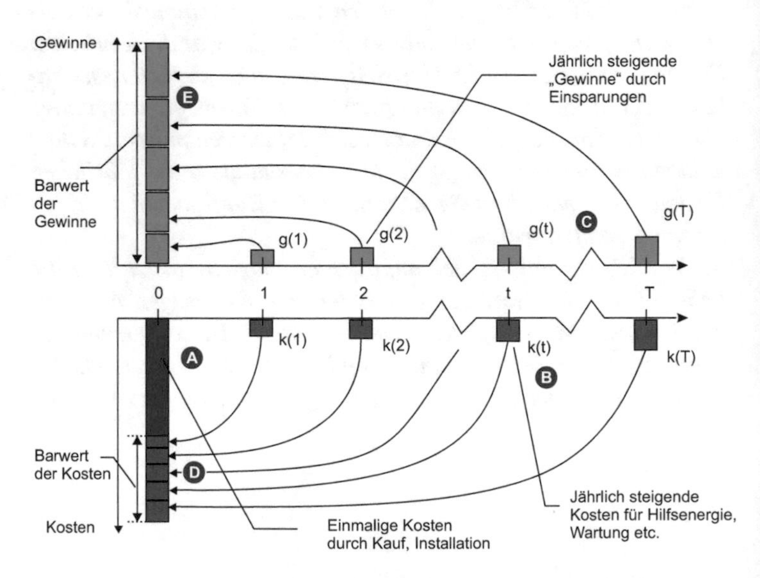

Abb. 5.1 Einmalige **A** und jährliche Kosten **B** einer Solaranlage (weitere Erklärungen im Text)

Das Grundproblem der Investitionsrechnung ist die Kapitalverzinsung, die den eigentlichen Wert eines Betrages von seinem Fälligkeitsdatum abhängig macht. Ein Geldbetrag K_0 zum heutigen Wert von 1000 € wird nach den Regeln der Zinseszinsrechnung mit einem Zinssatz von z. B. $i = 5$ %/a nach 20 Jahren auf den Betrag K_{20} von 2653,30 € angewachsen sein. Umgekehrt ist eine Zahlung von 1000 € , die erst in 20 Jahren zu leisten ist, heute nur 376,89 € „wert": Legt man diesen Betrag bei einer Bank mit einer Kapitalverzinsung von $i = 5$ %/a für den genannten Zeitraum an, so hat er bei der Auszahlung durch Aufzinsung den gewünschten Endbetrag erreicht. Zahlungen aus der Zukunft, ob Gewinne durch Einsparungen oder Verluste durch Kosten, müssen also immer um den zeitabhängigen Verzinsungseffekt bereinigt werden, um Investitionsentscheidungen treffen zu können.

In der Finanzmathematik wird der Betragswert einer einmaligen zukünftigen Zahlung zum heutigen Zeitpunkt als *Nominalwert* der Zahlung bezeichnet und der heutige Wert einer langjährigen Zahlungsreihe als *Barwert*. Die dynamische Investitionsrechnung unterscheidet zwei Ansätze zur Zinseffektbereinigung, die Berechnung der Annuität und die Berechnung des Barwertes – hier soll die Barwertmethode angewendet werden.

5.2 Die Barwertmethode

Tab. 5.1 gibt den sogenannten Barwertfaktor b_r an. Mit diesem kann der heutige Wert (Barwert) einer langjährigen jährlichen Zahlungsreihe in Abhängigkeit der Laufzeit (hier T = 20 Jahre), des angenommenen Kalkulationszinssatzes i sowie der unterstellten jährlichen Preissteigerungsrate j ganz einfach bestimmt werden, wie das nachfolgende Beispiel zeigt.

Tab. 5.1 Barwertfaktorenb_r (in Jahren) für eine Anlagenlebensdauer von $T = 20$ Jahren

	$i = 2$ %/a	3 %/a	4 %/a	5 %/a	6 %/a
$j = 0$ %/a	16,351	14,877	13,590	12,462	11,470
$j = 1$ %/a	17,885	16,221	14,771	13,503	12,391
$j = 2$ %/a	19,608	17,727	16,092	14,665	13,417
$j = 3$ %/a	21,546	19,417	17,571	15,965	14,562
$j = 4$ %/a	23,728	21,317	19,231	17,419	15,840
$j = 5$ %/a	26,186	23,453	21,093	19,048	17,269
$j = 6$ %/a	28,958	25,857	23,185	20,874	18,868
$j = 7$ %/a	32,084	28,564	25,536	22,922	20,659
$j = 8$ %/a	35,612	31,613	28,180	25,222	22,665
$j = 9$ %/a	39,594	35,050	31,156	27,806	24,916
$j = 10$ %/a	44,093	38,926	34,506	30,710	27,442

Berechnungsbeispiel

Zu Beginn dieses Kapitels war von einer Solaranlage mit 15 m^2 Kollektorfläche die Rede, die 10.000 € kostete. Die Wartung der Anlage verursache jährlich gleichbleibende Kosten von 200 €/a. Bei Annahme eines Kapitalverzinsungssatzes i von 3 %/a ist aus der Zeile 1 (Preissteigerungsrate $j = 0$ %/a) der Tab. 5.1 ein Wert von $b_r = 14{,}877$ a zu entnehmen. Der Barwert der Wartungskosten aller kommenden 20 Jahre beträgt damit 200 €/a · 14,877 a = 2975,40 € . In Abb. 5.1 ist dieser Wert mit **D** eingezeichnet.

Die Gesamtkosten für Kauf, Installation und Betrieb der Anlage (**A**+**D**) betragen damit 12.975,40 €, bezogen auf den heutigen Zeitpunkt.

Würden sich die jährlichen Wartungskosten jedoch jährlich mit 4 % verteuern (200 € im ersten Jahr, 208 € im zweiten Jahr, etc.), betrüge bei gleichem Kalkulationszinssatz der Barwert der Wartungskosten 200 €/a · 21,317 a = 4263,40 € . Der Barwertfaktor wurde b_r aus Zeile $j = 4$ %/a und Spalte $i = 3$ %/a entnommen. Gegenüber der Variante ohne Kostensteigerung betragen die Wartungskosten nun rund 43 % mehr!

Mit dem selben Ansatz können auch die Auswirkungen der ab 2021 geltenden CO_2-Steuer auf die Betriebskosten eines Gaskessels berechnen werden, dazu später mehr.

5.3 Solare Wärmekosten und Rendite

Was kostet nun die Energie aus einer Solaranlage? Nehmen wir an, dass die Solaranlage über ihre gesamte Lebensdauer von 20 Jahren jährlich 7000 kWh solare Nutzwärme erzeugt. Der hier unterstellte solare Systemertrag von 467 kWh/m^2 ist mit solaren Vorwärmanlagen problemlos erzielbar.

Die in dem obigen Beispiel berechneten Gesamtkosten der Solaranlagen (Abb. 5.1, **A**+**D**) betragen 12.975,40 € das ist die Summe aus den einmaligen Investitionskoskalieren auf 60 % sten (**A**) und dem Barwert der aufsummierten jährlich gleichbleibenden Wartungskosten (**D**). Um die über 20 Jahre gemittelten solaren Wärmegestehungskosten zu berechnen, teilt der Finanzmathematiker diesen Wert nun mit dem Faktor $b_r(i, 0)$ und erhält 12.975,40 €/14,877 a = 872,18 €/a – soviel kostet die Solaranlage bei Berücksichtigung der Zinseffekte und ihrer Lebensdauer im Jahresdurchschnitt. Bezieht man diesen Wert auf die pro Jahr produzierten 7000 kWh solare Nutzwärme, so betragen die mittleren solaren Gestehungskosten 0,12 €/kWh, bei Berücksichtigung der um 4 %/a steigenden Wartungskosten 0,14 €/kWh. Man wird schnell feststellen, dass mit der „richtigen" Wahl des Kapitalzinssatzes i und der Vorgabe der Preissteigerungsrate j die Solarwärme teuer oder günstig gerechnet werden kann – sowohl die Aussage „Solarthermie ist teuer" als auch die Aussage „Solarthermie ist günstig" wäre damit zweifelsfrei „beweisbar".

In Abb. 5.1 waren nicht nur die jährlichen Kosten und die Investition dargestellt, sondern auch die jährlichen Gewinne (**C**).

Eine Solaranlage kann „Gewinne" produzieren, indem sie den Brennstoffeinsatz des Wärmeerzeugers reduziert. Diese Einsparungen sind natürlich abhängig von der Größe, Leistungsfähigkeit und Auslegung der Solaranlage, aber auch von dem Nutzungsgrad des Wärmeerzeugers: Wenn in unserem Beispiel die Solarthermieanlage in Kombination mit einem Gas-Brennwertkessel arbeitet, muss dieser im Jahr 7000 kWh weniger Nutzenergie bereitstellen, da diese von der Solaranlage erzeugt wurden. Bei einem Kessel-Nutzungsgrad von 90 % können jährlich 7000 kWh / 0,90, also rund 7780 kWh Endenergie, entsprechend 778 m^3 Erdgas, eingespart werden. Bei einem angenommenen Bezugspreis von 0,65 €/m^3 betragen die Einsparungen im ersten Jahr folglich 506 €/a.

Natürlich werden auch die Bezugskosten für Heizöl oder Erdgas über die Nutzungsdauer der Solaranlage hinweg ansteigen. Nach den Zahlen des Statistischen Bundesamts [45] betrugen die Energiepreissteigerungen für Erdgas zwischen 2010 und 2015 durchschnittlich 3,6 % pro Jahr, zwischen 2015 und 2020 aber – 2,6 %. Bei Betrachtung des gesamten Zeitraums 2010 bis 2020 gab es nahezu keine Änderung (0,45 %/a). Eine Vorhersage über die kommenden 10 oder 20 Jahre wird also recht schwierig. Mit der Einführung der CO_2-Bepreisung zum Jahresbeginn 2021 (siehe Info-Kasten) werden die fossilen Energiepreise eine Steigerung erfahren. Für unser Beispiel gehen wir davon aus, dass der Erdgasbezugspreis in den kommenden 20 Jahren um durchschnittlich 5 %/a ansteigen wird. Die Einsparungen in unserem Beispiel betragen daher im zweiten Jahr bereits 531 €.

Das Klimaschutzgesetz und die CO_2-Steuer

Im Dezember 2019 wurde nach langer Diskussion das Klimaschutzgesetz verabschiedet (KSG, [29]). Die nationalen Klimaziele sind bereits seit März 2018 von der EU rechtsverbindlich für die einzelnen Mitgliedsstaaten mit der Europäischen Klimaschutzverordnung [53] vorgegeben. EU-weit sollen die Treibhausgasemissionen in den

Sektoren Landwirtschaft, Gebäude, Verkehr, Industrie und Energiewirtschaft gegenüber 1990 bis zum Jahr 2030 um mindestens 30 % gesenkt werden. Das KSG deckt damit alle verbleibenden CO_2-emittierenden Sektoren ab, die noch nicht von dem europäischen Emissionshandelssystem ETS erfasst wird. Dieses beschränkt sich auf die größeren Akteure bei der Stromerzeugung und in der Industrie.

Die EU legte dazu einen Fahrplan mit länderspezifischen maximalen Jahresemissionsmengen für die Jahre 2021 bis 2030 fest. So muss das wirtschaftsstärkere Deutschland gegenüber 2005 mindestens 38 % THG einsparen. Als Treibhausgasminderungsziel werden für 2030 mindestens 55 % im Vergleich zu 1990 festgeschrieben. Um dieses Ziel zu erreichen, sind in der Anlage 2 des KSG den einzelnen Sektoren Energiewirtschaft, Industrie, Verkehr, Gebäude, Landwirtschaft sowie Abfallwirtschaft und Sonstiges jeweils Obergrenzen für die Jahresemissionsmengen zugewiesen, die ausgesprochen ehrgeizig und in allen betroffenen Sektoren keine Selbstläufer sind.

Die Bepreisung klimaschädigender Emissionen wurde von der Bundesregierung ebenfalls noch im Jahr 2019 mit dem Brennstoffemissionshandelsgesetz (BEHG, [4]) eingeführt. Ziel ist es, die Grundlagen für einen Handel mit Emissionsrechten für Brennstoffe zu schaffen, um die im KSG sektorenweise festgelegten CO_2-Emissionsziele zu erreichen. Während der Einführungsphase zum Aufbau eines Handelssystems werden die Emissionszertifikate zu Festpreisen verkauft, beginnend mit 25 € pro Tonne CO_2-Äquivalent im Januar 2021. In Jahresschritten wird der Preis dann auf 30, 35, 45 und ab Januar 2025 auf 55 €/t erhöht. Für 2026 ist ein Zielkorridor zwischen 55 und 65 € vorgegeben, danach übernimmt der Zertifikatehandel die Preisbildung.

Mit Berücksichtigung der brennstoffspezifischen CO_2-Emissionsfaktoren entspricht ein Preis von 25 €/t CO_2

einem Aufschlag von 6,5 ct je Liter Heizöl bzw. 5 ct. je Normkubikmeter Erdgas. Bis zum Jahr 2025 werden die Erdgaspreise damit jährlich um rund 4 % steigen, die Heizölpreise sogar um 12 %/a.

Mit Hilfe der Barwertfaktoren können auch die mittleren Wärmegestehungskosten für das konventionelle Erdgas-Brennwertgerät berechnet werden. Hierzu sind die Brennstoffkosten des ersten Jahres (hier 506 €/a) mit dem Verhältnis der Barwerte b_r(i,j) zu b_r(i, 0) zu multiplizieren. Bei Gasbezugskosten von 0,065 €/kWh, einem Kessel-Nutzungsgrad von 90 % und den Barwerten b_r(3 %, 5 %) = 23,453 a bzw. b_r(3 %, 0 %) = 14,877 a betragen die konventionellen Wärmegestehungskosten damit 0,11 €/kWh. Die solare Wärme ist mit 0,12 €/kWh ähnlich teuer. Die Anschaffungskosten für den Kessel wurden nicht mitgerechnet. Das ist so richtig, da der Gaskessel ohne oder mit Solarthermieanlage benötigt wird.

Der Barwert der Einsparungen an Erdgas über die ganzen 20 Jahre wird mit dem Barwertfaktor b_r = 23,453 a berechnet zu 11.857 € (Abb. 5.1, **(E)**) – und damit etwas weniger als die Summe aus der einmaligen Investition **(A)** und dem Barwert der Betriebskosten der Solaranlage **(D)**, die 12.975 € betrugen. Der Finanzmathematiker bezeichnet die Summe der Barwerte aller Kosten (negativ!) und Gewinne (positiv!) und den Investitionskosten als Kapitalwert **(K)** der Investition (Abb. 5.2).

Rendite einer Solaranlage
In unserem Beispiel (bei Berücksichtigung der Preissteigerungen beim Erdgasbezug und bei den Wartungskosten) beträgt der Kapitalwert C = 11.857 € − 12.975 € = − 1,119 €. Der Wert ist also negativ, das liegt aber an dem verwendeten Kalkulationszinssatz von 3 %/a.

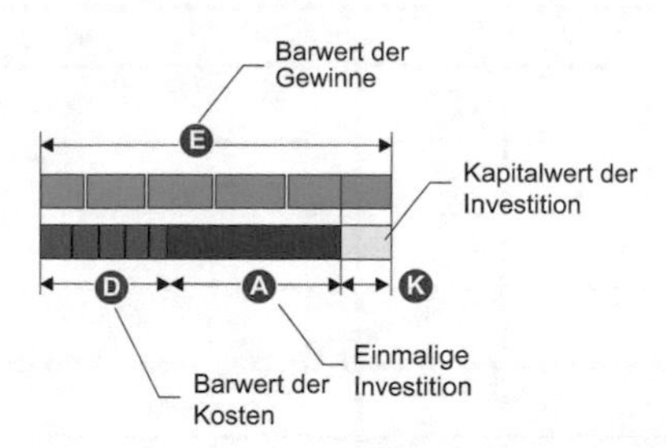

Abb. 5.2 Der Kapitalwert einer Investition (**K**) ist der Differenzbetrag des Barwertes der Gewinne (**E**) gegenüber der Summe aus dem Barwert aller jährlichen Kosten (**D**) und der einmaligen Investition (**A**). Ist der Kapitalwert positiv, so ist die Investition lohnend

> Durch mehrfaches Ausprobieren ist ein Kapitalzinssatz i_{int} zu ermitteln, bei dem der Kapitalwert zu null wird (das mathematische Werkzeug der Iteration ersetzt das langwierige Ausprobieren). Dieser Kapitalzinssatz wird auch als „interner Zinsfuß" oder „Rendite" bezeichnet. Im Beispiel beträgt die Rendite der Investition in die Solaranlage 1,97 %/a – mit diesem Satz verzinst sich die Investitionssumme also über die Laufzeit von 20 Jahren. Ein Vergleich mit den aktuellen Zinssätzen für langfristige Geldanlagen zeigt, dass diese Art des Geldanlegens durchaus lukrativ ist.

Abb. 5.3 zeigt die solaren Wärmegestehungskosten in Abhängigkeit vom Systemertrag für zwei extreme Varianten der Solarthermienutzung. In der ersten Variante „EFH" wurde für ein Einfamilienhaus eine kleine Solaranlage mit zwei Flachkollektoren und einem bivalenten 300-Liter-Speicher angenommen. Der Arbeitsaufwand für eine solche kleine Anlage ist recht hoch, da die Anlage in eine vorhandenes Heizsystem integriert werden muss und die Kollektorkreisleitung in bewohnten Räumen zu

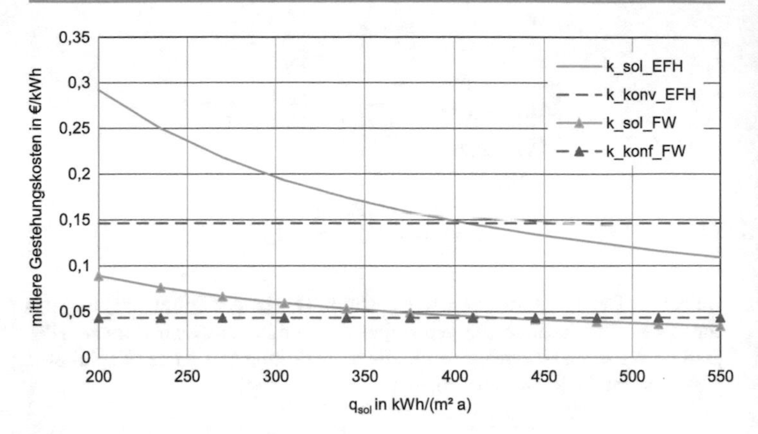

Abb. 5.3 Solare Wärmegestehungskosten in Abhängigkeit vom Systemertrag für zwei sehr unterschiedliche Anlagenkonfigurationen

verlegen sind.[1] Für die Berechnung der konventionellen Gestehungskosten wurden die oben gemachten Angaben übernommen.

Es wird deutlich sichtbar, dass die Solaranlage im Einfamilienhaus nur dann wirtschaftlich betrieben werden kann, wenn ein ausreichend hoher spezifischer Systemertrag erreicht wird. Bei den gemachten Annahmen muss die Solarthermieanlage einen Systemertrag von mindestens 400 kWh/(m^2 a) erzielen. Sofern der Einbau der Solaranlage staatlich gefördert wird, reduzieren sich die Wärmegestehungskosten erheblich, dazu mehr im nächsten Abschnitt.

Die in Abb. 5.3 gezeigte zweite Anlagenkonfiguration „FW" betrachtet eine sehr große Freifeldanlage mit 16.000 m^2 CPC-Vakuumröhrenkollektoren und einem Heißwasserspeicher von

[1]Konkrete Annahmen: 5 m^2 Kollektorfläche, Kalkulationszinssatz $i = 3$ %, Lebensdauer $T = 20$ a, Stromkosten 0,25 €/kWh mit 3 %/a Preissteigerung, Gesamtkosten incl. Installation, ohne Förderung: 3500 €.

2000 m^3 Inhalt.[2] Solche großen Anlagen werden von Fernwärmeversorgungsunternehmen betrieben und können etwa 20 bis 20 % des Energiebedarfs eines mittelgroßen städtischen Fernwärmenetzes decken. In den Abschn. 6.6 und 6.7 werden solche Anlagen vorgestellt. Die solaren Gestehungskosten sind hier um den Faktor 3 niedriger, vor allem aufgrund der sehr viel geringeren spezifischen Investitionskosten, der erheblich effizienteren Installation und den steuerlichen Abschreibemöglichkeiten eines Unternehmens. Aber auch die Vergleichskosten für die konventionelle Wärmeerzeugung sind erheblich niedriger, da ein Fernwärmeversorger Erdgas zu sehr günstigen Bedingungen bezieht. Aber auch hier muss die Solarthermieanlage einen Systemertrag von mindestens 400 kWh/(m^2 a) erzielen, um wirtschaftlich zu sein.

5.4 Fordern und Fördern

Das Erneuerbare-Energien-Gesetz (EEG) dient ausschließlich der Förderung des Marktanteils erneuerbarer Energien an der Stromversorgung. Die Diskussionen um dessen Zukunft und die Fördersätze für Solarstrom sorgten in den vergangenen Jahren regelmäßig für Schlagzeilen. Anders schaut es bei den Maßnahmen zur Vorbereitung der Wärmewende aus. Hier werden vom Gesetzgeber gleichzeitig zwei Wege beschritten – Fordern und Fördern.

Zu den Forderungen an die Verbraucher zählen gesetzgeberische Maßnahmen im Gebäudebereich, die u. a. eine Nutzungspflicht für erneuerbare Energien vorgeben sowie effiziente Gebäude- und Anlagentechnik und Mindestdämmstandards vorschreiben.

Dazu zählt das recht unbekannte Energieeinspargesetz (EnEG) und die 2001 verabschiedete und seitdem mehrfach novellierte Energieeinsparungsverordnung (EnEV), die für Neubauten

[2] Konkrete Annahmen: $i = 4$ %, Abschreibungsdauer 10 Jahre, Ertragssteuersatz 30 %, $T = 20$ a, JAZ: 100, Stromkosten 0,21 €/kWh mit 2 %/a Preissteigerung, Gesamtkosten 379 €/m^2, Fördersatz 45 %.

den fossilen Energieeinsatz begrenzt und bauliche Mindeststandards vorschreibt. Das 2008 erstmals eingeführte Erneuerbare-Energien-Wärmegesetz (EEWärmeG, [31]) schreibt ebenfalls nur für Neubauten den Einsatz erneuerbarer Energien vor. Beide Gesetze wurden nach mehrjähriger Übergangszeit im Jahr 2020 im Gebäudeenergiegesetz (GEG, [30]) zusammengefasst.

Das Gebäudeenergiegesetz (GEG)

Zweck des im November 2020 in Kraft getretenen Gesetzes ist „ein möglichst sparsamer Einsatz von Energie in Gebäuden einschließlich einer zunehmenden Nutzung erneuerbarer Energien zur Erzeugung von Wärme, Kälte und Strom für den Gebäudebetrieb." Die wichtigsten Vorgaben sind nachfolgend (sehr) kurz zusammengefasst:

- Jedes neu zu errichtende Gebäude muss als Niedrigstenergiegebäude ausgeführt werden,
- der Gesamtenergiebedarf darf die im GEG vorgegebenen Höchstwerte nicht überschreiten,
- der Wärmeenergiebedarf muss zumindest anteilig aus erneuerbaren Energien gedeckt werden.

In Bezug auf die Nutzung solarthermischer Anlagen gibt das Gesetz in § 35 für Neubauten vor:

- Bei Einsatz von Solarenergie muss der Wärme- und Kälteenergiebedarf zu mindestens 15 Prozent gedeckt werden, dazu sind bei Wohngebäuden mit höchstens zwei Wohnungen mindestens 4 m^2 Kollektorfläche je 100 m^2 Nutzungsfläche zu installieren und betreiben.
- Bei Wohngebäuden mit mehr als zwei Wohnungen reduziert sich die Fläche auf mindestens 3 m^2 Kollektorfläche je 100 m^2 Nutzungsfläche.
- Werden Solarkollektoren mit flüssigem Wärmeträger eingesetzt, müssen die Kollektoren oder das ganze So-

larsystem mit dem europäischen Prüfzeichen „Solar Keymark“ (siehe dazu Abschn. 3.1) zertifiziert sein.

Seit Einführung des GEG kann die Nutzungspflicht für erneuerbare Energien im Wärmebereich auch durch Installation einer Photovoltaikanlage erfüllt werden, „(...) deren Nennleistung in Kilowatt mindestens das 0,03-fache der Gebäudenutzfläche geteilt durch die Anzahl der beheizten oder gekühlten Geschosse (...)“ beträgt. Bei einem Einfamilienhaus mit 130 m^2 Wohnfläche und 2 Geschossen wären damit z. B. etwa 2 kW_{el} zu installieren.

Der mit der PV-Anlage erzeugte erneuerbare Strom muss dann zu mindestens 15 Prozent den Wärme- und Kälteenergiebedarf des Gebäudes decken. Dazu genügt schon ein einfacher Tauchsieder im Trinkwasserspeicher. Der qualitativ hochwertige elektrische Strom kann aber auch effizienter eingesetzt werden, beispielsweise zum Betrieb einer Wärmepumpe.

Leider befassen sich nur sehr wenige der 114 Paragraphen und der 11 Anhänge des neuen GEG mit Bestandsgebäuden. Nur bei An- und Umbauten sowie größeren Renovierungen an Bestandsgebäuden gelten die baulichen Mindestanforderungen für Neubauten sowie Vorgaben für die Wärmeerzeuger.

Auch zur Nutzung Erneuerbarer Energien in Bestandsgebäuden macht das GEG selbst keine Vorgaben, erlaubt aber in § 56 Abs. (2) den Bundesländern, „für bestehende Gebäude, die keine öffentlichen Gebäude sind, eine Pflicht zur Nutzung von erneuerbaren Energien festzulegen.“

Das Gebäudeenergiegesetz stellt auch den rechtlichen Rahmen dar zur finanziellen Förderung von Energieeffizienzmaßnahmen und der Nutzung erneuerbarer Energien im Wärme- und Kältebereich über den Bundeshaushalt. Allerdings werden nur Maßnahmen gefördert, die über die rechtlichen Vorgaben hinausgehen.

Bisher regelte das Marktanreizprogramm (MAP) der Bundesregierung die Förderung von Maßnahmen zur Nutzung erneuerbarer Energien im Wärmemarkt. Das MAP wurde oft jährlich aktualisiert, da die bereitgestellten Fördergelder häufig vor Jahresfrist ausgeschöpft waren. Auch hier erfolgte in jüngster Zeit eine Umstellung: Das MAP und auch das CO_2-Gebäudesanierungsprogramm der bundeseigenen Förderbank KfW wurden mit Beginn des Jahres 2021 in der „Bundesförderung für energieeffiziente Gebäude“ (BEG) gebündelt [7].

Das für die Umsetzung zuständige Bundesamt für Wirtschaft und Ausfuhrkontrolle (BAFA) hilft Privatpersonen, kommunalen und privaten Unternehmen, Kommunen und sogar gemeinnützigen Organisationen mit ihrem Förderwegweiser Energieeffizienz bei der Beantragung. Durch eine anwenderfreundliche Menüführung (siehe [7]) wird der Nutzer zu den für das Vorhaben passenden Förderangeboten geführt.

Die mit dem BEG geförderten Einzelmaßnahmen umfassen bei Privatpersonen nicht nur die Heizungserneuerung und -optimierung (Fördersätze bis 40 %), sondern auch Maßnahmen an der Gebäudehülle, der sonstigen Gebäudetechnik (Fördersatz jeweils 20 %) und die Fachplanung/ Baubegleitung (50 %). Bei Austausch einer Ölheizung werden die Fördersätze um 10 % angehoben. Die Beauftragung eines zugelassenen Energieberaters mit der Erstellung eines individuellen Sanierungsfahrplans hebt den Fördersatz um weitere 5 % an. Erstmals werden nun auch Gas-Hybridanlagen mit einem Erneuerbaren-Energien-Anteil von mindestens 25 % gefördert. Dazu ist z. B. die Kombination mit einer Luft-Wasser-Wärmepumpe sinnvoll.

Werden bei der Heizungserneuerung Solarthermieanlagen eingesetzt, erhalten diese einen Zuschuss in Höhe von 30 %. Ab einer Anlagengröße von 20 m^2 kann alternativ auch ertragsabhängig gefördert werden. Voraussetzung für eine Förderung ist das Vorliegen des europäischen Zertifizierungszeichens Solar Keymark, das bereits in Abschn. 3.1, Seite 30 beschrieben wurde. Über die Website des BAFA sind auch die förderfähigen Kollektoren einsehbar [6].

Der Förderwegweiser Energieeffizienz berät auch Unternehmen, die gewerblich oder in der Produktion Prozesswärme aus erneuerbaren Energien einsetzen möchten. Die Einbindung einer Solarkollektoranlage, einer Wärmepumpe oder einer Biomasseanlage in die Wärmeversorgung wird mit einem Zuschuss von 55 % der förderfähigen Kosten unterstützt.

Auslegung und Anwendungsbeispiele

6

Solarthermieanlagen können nur dann mit hoher Effizienz und damit wirtschaftlich betrieben werden, wenn die Anlage fachgerecht geplant und installiert wurde. Eine falsche Auslegung der Kollektorfeldgröße oder die Wahl eines falschen Speichervolumens führen schnell zu hohen Ertragseinbußen. Um dies zu zeigen, wurden im ersten Teil des Kapitels Simulationsuntersuchungen für Solaranlagen im Ein- / Zweifamilienhaus vorgenommen.

Die nachfolgenden Beschreibungen ausgeführter Solaranlagen – für Ein- und Mehrfamilienhäuser, Krankenhäuser, Industrie und Gewerbe, zum solaren Kühlen sowie in Nah- und Fernwärmenetzen – machen deutlich, wie vielfältig die Einsatzmöglichkeiten für Solarthermie sind.

Der letzte Abschnitt zeigt, dass es sehr wohl möglich ist, auch große Solarkollektorfelder architektonisch vorteilhaft und ästhetische ansprechend in Gebäude zu integrieren.

6.1 Auslegungshinweise

Die falsche Dimensionierung der gesamten Anlage oder eines Bauteils kann schnell zu erheblichen Ertragseinbußen führen. Dies soll anhand von Simulationsrechnungen an der verbreitetsten Art der Solarthermienutzung – der solaren Trinkwasse-

T. Schabbach, P. Leibbrandt, *Solarthermie*, Technik im Fokus,
https://doi.org/10.1007/978-3-662-59488-9_6

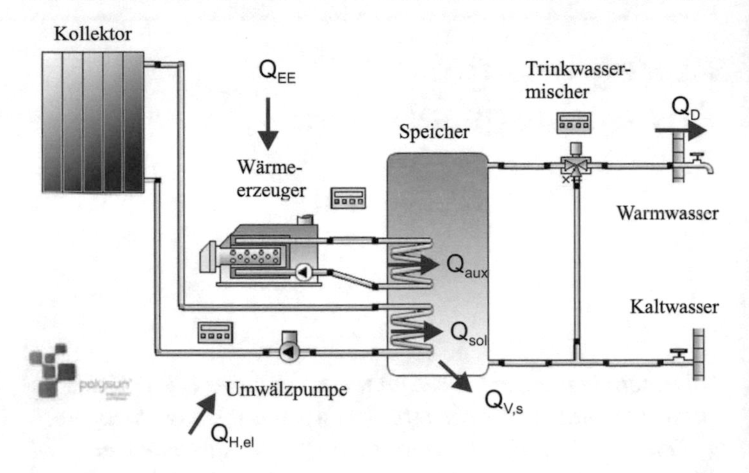

Abb. 6.1 Systemaufbau der Referenzanlage in der Simulationssoftware Polysun

rerwärmung im Ein- und Zweifamilienhaus – gezeigt werden. Die beiden Bundesindustrieverbände der Solarbranche, BDH und BSW, haben gemeinsam für Vergleichszwecke eine Referenzsolaranlage für ein Standard-Einfamilienhaus definiert [13]. Diese Anlagenbeschreibung wurde genutzt, um die Auswirkungen von abweichenden Bauteildimensionierungen darzustellen. Dazu wurde die Referenz-Solaranlage in der Simulationssoftware Polysun [40] nachgebildet und dann in verschiedenen Varianten berechnet. Abb. 6.1 zeigt den beschriebenen Systemaufbau der Solaranlage in der Simulationssoftware.

Ausgangssituation

Die Referenzanlage ist auf einem (gedachten) Haus in Würzburg installiert, das von 4 Personen bewohnt wird. Diese verbrauchen gemeinsam täglich 200 Liter Warmwasser mit einer Zapftemperatur von 45 °C, die Kaltwassertemperatur ist mit 10 °C festgelegt. Vereinfachend wird angenommen, dass 80 Liter des Tagesbedarfs gleich morgens um 7 Uhr, 40 Liter mittags um 12 Uhr und abends erneut 80 Liter um 19 Uhr verbraucht werden. Das Kollektorfeld besteht aus 2 guten Flachkollektoren mit 4,2 m^2 Bruttofläche, die mit einer optimalen Neigung von 45° nach Süden ausgerichtet sind. Die Kollektorkreisrohre mit einer Gesamtlänge von 20 m sind komplett im Haus verlegt. Die Kollektoren werden in Zwangsumwälzung mit einem Wasser-Glycol-Gemisch (40 %) betrieben. Der Speicher hat ein Volumen von 200 Liter (Standarddämmung mit 80 mm PU-Weichschaum). Die Nachheizung übernimmt ein Gaskessel mit 10 kW Heizleistung.

Um eine solare Vollversorgung im Sommer zu erreichen, sollte die Solaranlage nach den Auslegungsempfehlungen aus Kap. 4 mit einer eher geringen Auslastung geplant werden. Der Tagesverbrauch von 200 Litern bei 45 °C entspricht einem Tagesverbrauch von 140 Litern bei 60 °C Warmwasserzapftemperatur.[1] Bezogen auf die gewählte Kollektorfläche von 4,2 m^2 hat die Referenzanlage tatsächlich eine mit 33 $l/d/m^2$ eher geringe Auslastung.

Um das benötigte Trinkwasser im gesamten Jahr auf die Nutztemperatur von 45 °C zu erwärmen, werden pro Jahr 2970 kWh Nutzenergie (in Abb. 6.1 als Q_D gekennzeichnet) benötigt. Zur Berechnung dieser Energiemenge ist die Tageswarmwassermenge (hier 0,2 m^3) mit der volumetrischen Wärmekapazität von Wasser (1,163 $kWh/m^3/K$), der Temperaturdifferenz (45–10) K und den 365 Tagen des Jahres zu multiplizieren. Die dazu erforderliche Endenergiemenge, hier in Form von Erdgas, ist noch um einiges höher, da der Gaskessel bei ausschließlicher Trinkwassererwärmung nur einen relativ geringen Nutzungsgrad im Jahresverlauf erreicht und zusätzlich die Wärmeverluste des Speichers und der Warmwasserleitungen zu decken sind. Dazu kommt noch der

[1] Zur Umrechnung multipliziert man einfach mit dem Verhältnis der Temperaturdifferenzen $\frac{45-10}{60-10}$.

(elektrische) Hilfsenergieeinsatz $Q_{H,el}$ für die Umwälzpumpen und den Regler.

Der simulierte Nutzenergiebedarf Q_D beträgt 2974 kWh/a, also etwa so viel wie die Handrechnung erbrachte. Der Solarspeicher verliert pro Jahr 416 kWh durch Wärmeverluste an die Umgebung ($Q_{V,s}$). In dcr Summe werden also 3390 kWh benötigt, um das Wasser zu erwärmen und die Verluste zu decken. Diese Energiemenge muss durch die Solaranlage und den Gaskessel bereitgestellt werden. Der Ertragssimulation ist zu entnehmen, dass über den Solar-Wärmeübertrager insgesamt 1483 kWh (solarer Systemertrag Q_{sol}) eingespeist wurden, der Gaskessel bringt die zusätzliche Energiemenge Q_{aux} von 1903 kWh auf, um den verbleibenden Bedarf zu decken. Dazu benötigt er 3593 kWh Endenergie (Q_{EE}) im Jahr, entsprechend einem Erdgasverbrauch von etwa 360 m^3 pro Jahr.[2] Der in Abschn. 4.1 auf S. 51 definierte solare Deckungsgrad f_{sol} beträgt damit 1483/2974 kWh, also etwa 50 %.

Der Kessel wurde in dieser Simulation ausschließlich zur Trinkwassererwärmung eingesetzt: Er wird täglich nur für kurze Zeit zum Nachheizen des Speichers benötigt, muss dazu aber jedes Mal auf eine Kesseltemperatur von etwa 60 °C vorgewärmt werden. Nach der Speicherbeladung verliert er eine nicht unerhebliche Energiemenge an die Umgebung, wenn er wieder auf Umgebungstemperatur auskühlt. Entsprechend niedrig ist in der Simulation der Kesselnutzungsgrad, der sich aus dem Verhältnis der gelieferten Energie Q_{aux} zur benötigten Brennstoffenergie Q_{EE} (1903/3593) zu 53 % berechnet.

Welche Erdgasmenge würde der Heizkessel ohne Solaranlage benötigen? Für diese Simulationsrechnung wurde der bivalente 200-Liter-Speicher durch ein kleineres Modell mit 140 Liter Inhalt ersetzt. Der Gaskessel benötigt nun 600 m^3 Erdgas, genau 6030 kWh! Bezogen auf die Nutzenergie beträgt der Nutzungsgrad des Systems ohne Solarspeicher nur noch 2974/6030, also 50 %. Durch Vergleich der beiden Simulationsrechnungen ohne/mit Solaranlage ist nun auch die *anteilige solare Energieein-*

[2] Der Heizwert von Erdgas beträgt rund 10 kWh je Normkubikmeter.

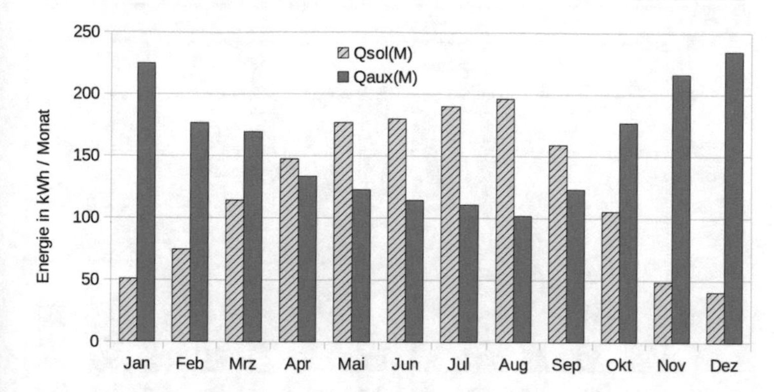

Abb. 6.2 Von der Solaranlage (Q_{sol}(M)) und vom Gaskessel (Q_{aux}(M)) monatlich an den Speicher gelieferte Energiemengen in kWh/a. Die Jahressummen betragen 1482 kWh bzw. 1903 kWh

sparung f_{sav} zu bestimmen, die in Abschn. 4.1 eingeführt wurde: f_{sav} beträgt hier (6030 – 3593)/6030, also 40 %. Der Vergleich mit dem höheren Deckungsgrad f_{sol} zeigt, dass der präzisere Wert f_{sav} die Wärmeverluste des für die Solaranlage benötigten größeren Speichers (korrekt) der Solaranlage „anlastet".

Abb. 6.2 zeigt die von der Solaranlage und dem Wärmeerzeuger monatlich gelieferten Energiemengen. Der Kessel muss – und das ist nicht überraschend – in den Wintermonaten den Großteil der benötigten Energie aufbringen. Dennoch kann die Solaranlage selbst im Dezember und im Januar noch einen Anteil von etwa 15 % liefern.

Bezieht man den solaren Systemertrag auf die Bruttofläche des Kollektorfeldes, ergibt sich im Jahresmittel ein Wert von 350 kWh/m^2/a (Definition in Abschn. 4.1).

Abb. 6.3 zeigt den Verlauf des auf ein Jahr hochgerechneten Systemertrags über die einzelnen Monate. Das Diagramm zeigt deutlich, dass die Solaranlage in den Sommermonaten aufgrund der hohen Einstrahlung die meiste Energie pro Quadratmeter Kollektorfläche liefert, aber auch im Winter können pro Quadratmeter mehr als 100 kWh „geerntet" werden.

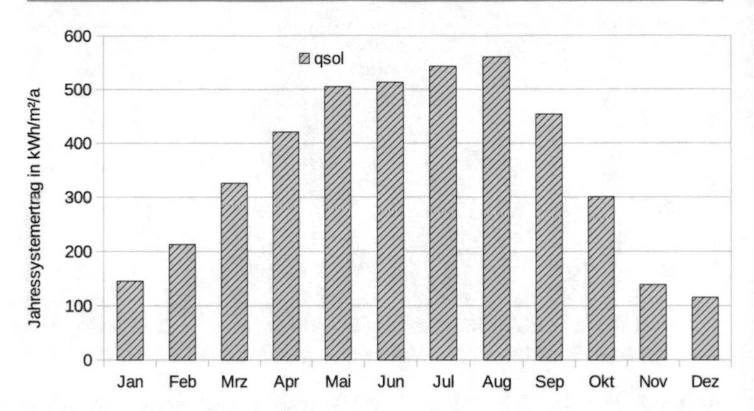

Abb. 6.3 Flächenbezogener Systemertrag q_{sol} in kWh/m^2/a für die einzelnen Monate des Jahres, hochgerechnet auf ein Jahr

Ausrichtung des Kollektorfelds

Die Kollektoren bei der Referenzanlage waren mit einem Neigungswinkel von 45 °C ganzjährig verschattungsfrei nach Süden ausgerichtet. Diese optimalen Bedingungen finden sich natürlich nicht bei jedem Haus, Dachneigung und -ausrichtung können davon stark abweichen. Hin und wieder sieht man Häuser, auf denen ein Heizungsmonteur mittels einer aufwändigen (und vermutlich sehr teuren) Konstruktion die Kollektoren in die 45°-Neigung gebracht hat. Ist das nötig? Um den Einfluss der Kollektorfeldausrichtung auszuloten, wurden weitere Ertragssimulationen gemacht und dabei Neigung bzw. Ausrichtung der Referenzanlage verändert. Abb. 6.4 zeigt den auf die Referenzanlage (350 kWh/m^2/a) normierten flächenspezifischen Systemertrag q_{sol} bei unterschiedlicher Ausrichtung.

Auch bei einer Ausrichtung des Daches nach Südwest oder Südost ($\alpha = \pm 45°$) und einer Neigung von 20° bis 65° befindet sich der erzielte Systemertrag noch im Bereich von >85 % des maximal möglichen Wertes. Die Ergebnisse zeigen, dass Solaranlagen auch bei nicht optimaler Ausrichtung noch hohe Erträge erreichen und die Mehrkosten für eine „bessere" Ausrichtung in der Regel nicht gerechtfertigt sind. Bei größeren Solaranlagen ist es meist kostengünstiger, die geringen Ertragseinbußen einer

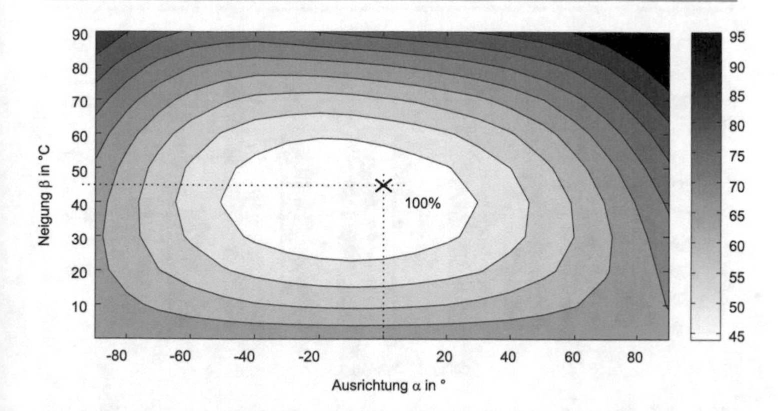

Abb. 6.4 Flächenspezifischer Systemertrag q_{sol} in Relativdarstellung bei Variation der Kollektorfeldausrichtung (Süd: $\alpha = 0°$, West: $\alpha = 90°$) und Neigung (Fassade/Wand: $\beta = 90°$, Horizontale: $\beta = 0°$)

ungünstigen Dachausrichtung durch einen zusätzlichen Kollektor auszugleichen.

Kollektorfeldgröße

Wie ändert sich der solare Systemertrag und der Deckungsanteil, wenn bei gleichbleibendem Warmwasserbedarf die Kollektorfläche variiert wird? Dazu wurde in der Simulation die Kollektorfläche der Referenzanlage zwischen 1 und 10 m^2 variiert, das Speichervolumen blieb dabei unverändert bei 200 Liter.

Wird die Kollektorfläche gegenüber der Referenzanlage (4,2 m^2) verdoppelt, steigt der Systemertrag von fast 1500 kWh/a auf 2200 kWh/a an, wie Abb. 6.5 zeigt. Eine Halbierung auf 2 m^2 mindert den solaren Systemertrag auf etwa 900 kWh/a. Bezieht man den Systemertrag auf die Kollektorfläche, so sinkt der flächenspezifische Systemertrag q_{sol} bei Flächenverdopplung von 350 kWh/m^2/a auf etwa 260 kWh/m^2/a, bei Halbierung steigt q_{sol} dagegen auf 420 kWh/m^2/a an. Offenbar nimmt die Effizienz der Anlage mit größerer Kollektorfläche ab.

Abb. 6.6 zeigt den flächenspezifischen Systemertrag q_{sol} in kWh je m^2 und Jahr in Abhängigkeit von der tatsächlich realisier-

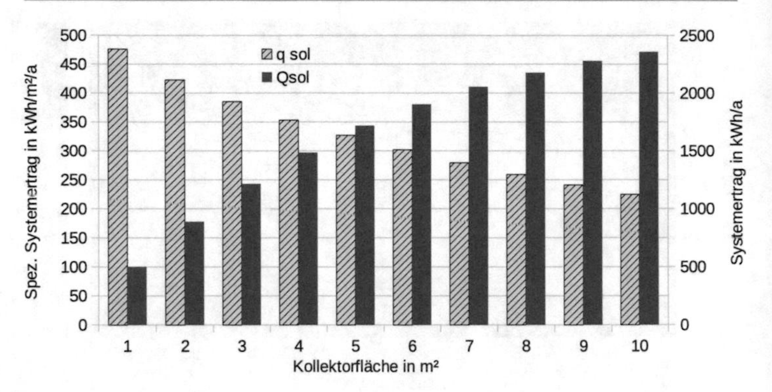

Abb. 6.5 Solare Systemerträge (absolut: Q_{sol}, spezifisch: q_{sol}) bei Variation der Kollektorfeldgröße

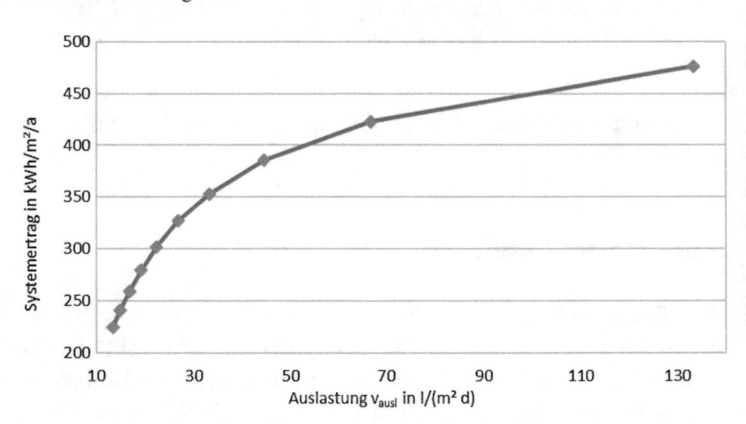

Abb. 6.6 Spezifischer Systemertrag q_{sol} und Auslastung v_{ausl} bei Variation der Kollektorfeldgröße

ten Auslastung (v_{ausl} in l/(m^2 d)). Hier zeigt sich deutlich, dass der auf die Kollektorfläche bezogene Systemertrag mit verminderter Auslastung deutlich absinkt. Die Empfehlung der VDI 6002 [50, 51] mit einer Auslastung von 65 l/(m^2 d) für eine effiziente Anlagengröße passt sehr gut zu diesen Ergebnissen.

Einfluss der Speichergröße

Der Speicher einer großen Solaranlage zur Trinkwassererwärmung sollte gemäß den Empfehlungen aus Abschn. 3.3, Seite 43 mit rund 50 l/m^2 dimensioniert werden, bei 4 m^2 also 200 Liter. Wird das Speichervolumen bei unveränderter Kollektorfläche von 200 auf 300 Liter (75 l/m^2) erhöht, steigt der erzielbare spezifische Systemertrag noch etwas an, wie Abb. 6.7 zeigt: An sonnenreichen Tagen kann der Kollektor länger Wärme an den größeren Speicher liefern, bis dieser seine Maximaltemperatur erreicht hat. Eine weitere Erhöhung des Speichervolumens auf 500 oder gar 800 Liter (200 l/m^2) führt zu keinem nennenswerten Mehrertrag (rund 17 %), würde die Investitionskosten aber drastisch um über 150 % erhöhen. Entgegen dem landläufigen Sprichwort „Viel hilft viel!“ sollte das Speichervolumen bei Solaranlagen also gemäß den Empfehlungen eher knapp dimensioniert werden.

Die für den Ein-/Zweifamilienhausbereich angebotenen Komplettpakete enthalten bei einer Kollektorfläche von 4 bis 6 m^2 zumeist Speicher von 250 bis 400 Liter Volumen – das ist nach den obigen Ergebnissen eine durchaus sinnvolle Zusammenstellung.

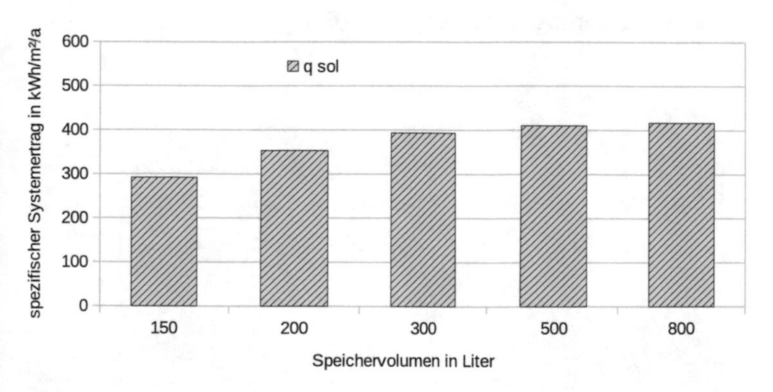

Abb. 6.7 Spezifischer Systemertrag q_{sol} bei Variation des Speichervolumens

Systemertrag bei Kombianlagen

Im Abschn. 4.3 wurde die Anlagentechnik von heizungsunterstützenden Solaranlagen beschrieben, die das Trinkwasser erwärmen und zusätzlich einen Beitrag zur Raumheizung liefern. Auch für diese Kombianlagen gibt es zu Vergleichszwecken eine Referenzanlage [13]. Abb. 6.8 zeigt die Nachbildung der Anlage in der Simulationssoftware mit Heizkreisrücklaufanhebung und Trinkwassererwärmung über eine Frischwasserstation.

Hierbei erwärmt der Gaskessel nicht nur das Trinkwasser, sondern versorgt auch die Raumheizung des gut gedämmten Einfamilienhauses mit 128 m^2 Nutzfläche. Der Heizwärmebedarf Q_H der Referenzanlage beträgt 9090 kWh/a, der Nutzwärmebedarf der Trinkwassererwärmung Q_D weiterhin 2974 kWh/a, der gesamte Nutzwärmebedarf Q_{H+D} damit 12.064 kWh/a. Die Heizwärme wird über ein Niedertemperatur-Fußbodenheizsystem (35/28 °C) an die Räume abgegeben. Ein Niedertemperatur-Gaskessel allein ohne Solaranlage benötigt in der Simulation 16.704 kWh Endenergie (1670 m^3 Erdgas) zur Deckung des gesamten Energiebedarfs (vgl. Abb. 6.8, Q_{aux}).

In mehreren Jahressimulationsläufen wurde dann ermittelt, was eine Solaranlage bei unterschiedlicher Dimensionierung zur Energieeinsparung beitragen kann. Bei gleichbleibendem Nutz-

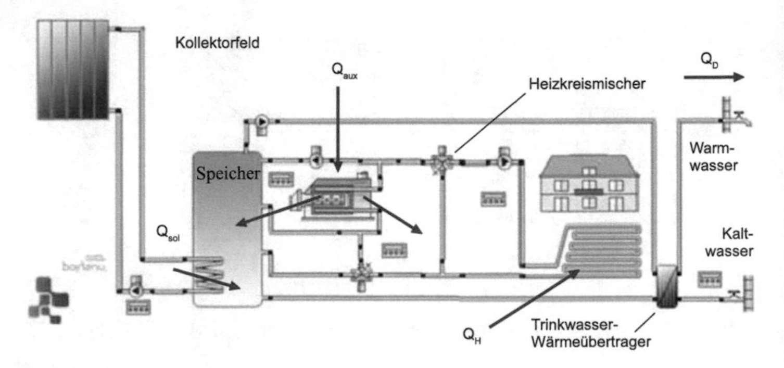

Abb. 6.8 Systemaufbau der Referenzanlage zur kombinierten Trinkwassererwärmung und Raumheizungsunterstützung in *POLYSUN*

Tab. 6.1 Systemerträge und Deckungsgrade einer solaren Kombianlage bei unterschiedlicher Dimensionierung

A_{KF}	V_{Sp}	$A_{hx,sol}$	Q_{sol}	q_{sol}	Q_{aux}	f_{sol}	f_{sav}
in m^2	l	m^2	kWh/a	kWh/m^2/a	kWh/a	%	%
0	500	–	–	–	16.704	0 %	0 %
10	700	2,0	3670	367	9442	30,4 %	19,0 %
15	1000	2,4	4951	330	8391	41,0 %	27,2 %
20	1500	4,0	6200	310	7393	51,4 %	34,8 %
30	3000	6,0	8233	274	5866	68,3 %	46,4 %

wärmebedarf für Trinkwasser Q_D und Raumheizung Q_H wurde dazu die Kollektorfläche A_{KF} variiert und dabei das Speichervolumen V_{Sp} entsprechend den Auslegungsempfehlungen in Abschn. 4.3 (etwa 70 l/m^2) angepasst (und natürlich auch die Wärmeübertragerfläche $A_{hx,sol}$ im Kollektorkreis).

Tab. 6.1 zeigt die Ergebnisse der Simulationsrechnungen. Der Absolutwert Q_{sol} des solaren Systemertrags nimmt mit zunehmender Kollektorfeldgröße A_{KF} zu, der spezifische Systemertrag q_{sol} sinkt jedoch – wie in Abschn. 4.3 (Seite 61) beschrieben – ab. Eine Wirtschaftlichkeit wird bei diesen Werten nur noch schwerlich zu erreichen sein.

Der verbleibende Endenergiebedarf für den Gaskessel Q_{aux} mindert sich mit Zunahme der Kollektorfläche. Der Deckungsanteil f_{sol} wurde als Verhältnis des Systemertrags Q_{sol} zum gesamten Nutzwärmebedarf Q_{H+D} berechnet, die anteilige solare Energieeinsparung f_{sav} bezieht sich auf den Endenergiebedarf Q_{aux} des Heizungssystems mit und ohne Solaranlage.

Erkenntnisse

Solarthermieanlagen können auch bei der Heizungsunterstützung hohe Deckungsanteile erzielen und den Einsatz des Zusatzheizkessels auf die sonnenarme Winterzeit begrenzen. Allerdings führen die notwendigen großen Kollektorflächen zu einer Minderung der Anlageneffizienz, wie ein Vergleich der flächenspezifischen solaren Systemerträge zeigt.

6.2 Mehrfamilienhaus

Die Wohnungsbaugenossenschaft Südharz (WBG Südharz) betreibt in Nordhausen/Thüringen in mehreren Mehrfamilienhäusern Solaranlagen zur Trinkwassererwärmung. Einige dieser Anlagen wurden von den Autoren vor einiger Zeit hinsichtlich Auslegung und Wirtschaftlichkeit untersucht, die Ergebnisse einer Anlage sollen hier vorgestellt werden.

Die hier beschriebene Anlage (Abb. 6.9) verfügt über ein Kollektorfeld aus 20 Kollektoren mit je 2,25 m^2 Aperturfläche. Die Aperturfläche beträgt damit in der Summe 45 m^2, die Bruttofläche 51 m^2. Das Kollektorfeld ist aus der Südrichtung um rund 10° nach Westen gedreht, die Neigung beträgt 40°. Nach den Erkenntnissen aus Abschn. 6.1 wissen wir, dass diese leichte Abweichung von der optimalen Ausrichtung den Ertrag nur um wenige Prozent mindern wird.

Der Aufbau der Solarthermieanlage ist im Hydraulikplan nach Abb. 6.10 erkennbar und entspricht weitgehend dem auf Seite 58 in Abb. 4.4 beschriebenen Anlagenschema. Das im Kollektorfeld erwärmte Solarfluid gibt die Energiemenge Q_{KK} über einen Plattenwärmeübertrager an einen Pufferspeicher (2500 l) ab, das spezifische Speichervolumen beträgt hier 55 l/m^2. Das kalte Trinkwasser wird bei jeder Zapfung über den Entlade-Plattenwärmeübertrager im Gegenstrom solar vorgewärmt, dabei wird die Energie $Q_{sol,w}$ übertragen. Zusätzlich wird über einen zweiten Entlade-Plattenwärmeübertrager der Zirkulationsrücklauf mit der Energie $Q_{sol,z}$ solar vorgewärmt, sofern im Pufferspeicher Wasser mit einer Temperatur größer 65 °C vorhanden ist. Auf Seite 56 wurde beschrieben, dass das Zirkulationssystem zur Erhaltung der Trinkwasserhygiene benötigt wird. Der Rücklauf

Abb. 6.9 Kollektorfeld einer solaren Trinkwassererwärmung im Mehrfamilienhaus

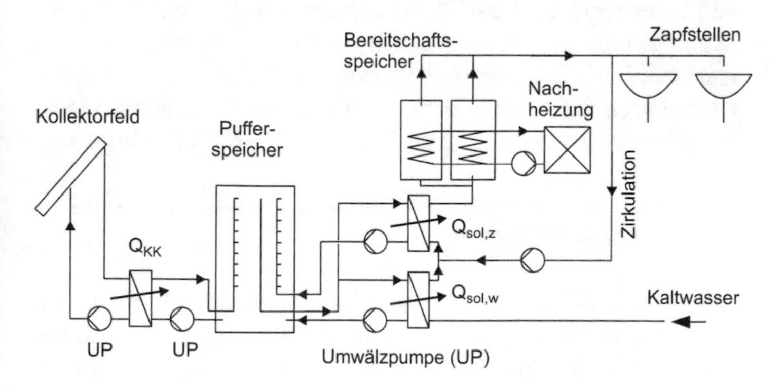

Abb. 6.10 Hydraulikschema einer solaren Trinkwassererwärmung im Mehrfamilienhaus. Der Pufferspeicher ist mit sogenannten Schichtlanzen ausgestattet, die den Rücklauf in den Speicherbereich mit gleicher Temperatur einschichten sollen

aus dem Zirkulations-Wärmeübertrager wird in den oberen Teil des Pufferspeicher eingeschichtet.

Das solar vorgewärmte Trinkwasser wird von zwei in der Dachzentrale installierten Gas-Brennwertgeräten in zwei parallelgeschalteten Bereitschaftsspeichern mit je 500 Litern nachgeheizt. Bei der gezeigten Einbindung der solarthermischen Anlage ohne solaren Vorwärmspeicher ist die tägliche thermische Desinfektion auf die beiden Entlade-Plattenwärmeübertrager und den Bereitschaftsspeicher beschränkt.

Bei der Planung der Anlage wurde ein Trinkwassertagesbedarf von 2300 l/d (bei 60 °C) angenommen. Bezogen auf die installierte Kollektorfeldfläche von 45 m^2 ergibt sich damit eine Auslastung von 51 $l/m^2/d$. Die Analyse der Messdaten zeigte, dass die tatsächliche Auslastung durchschnittlich 64 $l/m^2/d$ beträgt – offenbar wurde der Warmwasserbedarf bei der Planung unterschätzt oder er stieg nach Inbetriebnahme um 25 % an. Bei der Untersuchung wurde ein spezifischer Kollektorkreisertrag q_{KK} von 522 $kWh/m^2/a$ ermittelt und anhand dessen der solare Systemertrag q_{sol} zu 485 $kWh/m^2/a$ geschätzt. Aufgrund der professionellen Auslegungsplanung, der sinnvollen Systemauswahl und einer recht üppigen Förderung erreicht die untersuchte Solaranlage mittlere Wärmegestehungskosten von 0,055 €/kWh und kann damit Wärme günstiger produzieren als die zur Nachheizung eingesetzten Gaskessel, deren mittlere konventionellen Gestehungskosten bei Erstellung der Studie 0,110 €/kWh betrugen.

6.3 Krankenhaus

Das 1980 eröffnete Südharzklinikum liegt am Nordrand der Stadt Nordhausen. Das Krankenhaus mit (damals) 850 Betten verfügt über eine an das Fernwärmenetz angeschlossene zentrale Trinkwassererwärmung.

Als Planungsgrundlage für die 1999 installierte Solaranlage zur Trinkwassererwärmung wurde in Verbrauchsmessungen ein Warmwassertagesverbrauch von 73 l je Belegungsbett und Wochentag ermittelt. Das Kollektorfeld wurde auf zwei Flachdächern des Krankenhauses (Apotheke und Technikbau) installiert, wie in Abb. 6.11 zu sehen ist. Eine Forschergruppe der TU Ilmenau

Abb. 6.11 Kollektorfeld auf der Apotheke und dem Technikbau des Südharzklinikums

überwachte die Anlage in den Jahren nach der Inbetriebnahme messtechnisch [5].

Die beiden Kollektorfelder sind um 17° aus der Südachse nach Westen gedreht und mit einem Neigungswinkel von 30° auf den Flachdächern aufgeständert. Insgesamt sind 280 Kollektoren mit einer Gesamtfläche von 717 m^2 installiert, die in zwei Pufferspeicher mit 35 m^3 Gesamtinhalt einspeisen. Das spezifische Speichervolumen beträgt hier 49 l/m^2.

Im ersten Betriebsjahr 1999/2000 wurde bei einem Trinkwassertagesbedarf von durchschnittlich 55 m^3/d eine tatsächliche Auslastung von 76 $l/m^2/d$ erreicht, der solare Systemertrag q_{sol} betrug 551 $kWh/m^2/a$. Im zweiten Betriebsjahr sank der Trinkwassertagesbedarf auf 43 m^3/d, im dritten Betriebsjahr weiter auf 41 m^3/d. Die Auslastung sank entsprechend auf 60 $l/m^2/d$ bzw. nur noch 57 $l/m^2/d$. Der Systemertrag q_{sol} minderte sich dadurch im zweiten Jahr auf 516 $kWh/m^2/a$, im dritten auf noch 433 $kWh/m^2/a$.

Die Wärmegestehungskosten wurden von den Ilmenauer Forschern mit 0,103 €/kWh bis 0,1303 €/kWh (Zahlen des dritten Jahres) angegeben.

6.4 Solare Prozesswärme

Brauereien

Die Hütt-Brauerei in Baunatal/Nordhessen betreibt seit 2011 eine solare Prozesswärmeanlage. Als Planungsgrundlage diente ein Energiekonzept der Universität Kassel, das auch Wärmerückgewinnungsmaßnahmen innerhalb des Brauprozesses mit einschloss. Die Forscher aus Kassel überwachten Installation und Inbetriebnahme der Pilotanlage [48] und erfasste zudem den Anlagenbetrieb messtechnisch, um Optimierungsmöglichkeiten zu finden und allgemein wissenschaftliche Kenntnisse zu Prozesswärmeanlagen zu sammeln.

Der Brauprozess benötigt sehr viel Warmwasser auf einem Temperaturniveau zwischen 58 und 90 °C und ist daher grundsätzlich sehr gut für den Betrieb einer Solarthermieanlage geeignet. Vor der Installation der Solaranlage sollte der Brauprozess jedoch immer gründlich analysiert und hinsichtlich möglicher Energieeffizienzmaßnahmen untersucht werden. Oft ist der Energieverbrauch schon durch einfache Wärmerückgewinnungsmaßnahmen deutlich zu reduzieren. Abb. 6.12 zeigt den Brauprozess in einer stark vereinfachten Hydraulikskizze nach den Umbaumaßnahmen. Für das Maischen, Läutern und das Kochen wird sehr viel Energie benötigt, die vor den Umbaumaßnahmen zum größten Teil durch direktes Erhitzen bereitgestellt wurde. Das beim Einkochen der Würze in der Sudpfanne verdampfende Wasser dient dazu, den sog. Verdrängungsspeicher mit der Brauwasserreserve über einen Rohrbündel-Wärmeübertrager vorzuheizen. Aus dem Verdrängungsspeicher wird oben heißes Brauwasser entnommen, um die Würze vor dem Kochen sowie kaltes Brauwasser zum Maischen und Läutern vorzuwärmen.

Die neu installierte Solaranlage mit einem 155 m^2 großen Kollektorfeld und 10 m^3 solarem Pufferspeicher (63 l/m^2) erwärmt

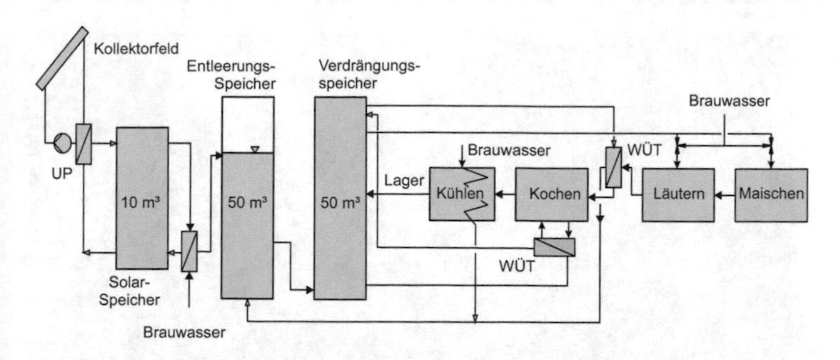

Abb. 6.12 Umsetzung einer solaren Prozesswärmeanlage in der Würzebereitung einer Brauerei, nach [48]

Abb. 6.13 Kollektorfeld der Hütt-Brauerei (links) und Solarspeicher (rechts) [48]

über einen Entlade-Wärmeübertrager das dem Entleerungsspeicher zugeführte kalte Brauwasser. Dieser Speicher mit variablem Füllstand bildet den zweiten Teil der Brauwasserreserve. Wenn der Füllstand auf ein Mindestniveau gesunken ist, kann solar vorgewärmtes Brauwasser nachgefüllt werden.

Abb. 6.13 zeigt das Kollektorfeld, das mit einem Neigungswinkel von 28° in Südausrichtung montiert ist sowie den solaren Puffer mit Ausdehnungsgefäßen im Vordergrund. Die Anlage konnte zu Systemkosten von 645 €/m^2 errichtet werden, zur Hälfte wurde die Investition im Rahmen des Programms *Solarthermie2000plus* vom Bundesumweltministerium gefördert.

Abb. 6.14 Prozesswärmeanlage der Papierfabrik Condat, Ladrin-Saint-Lazare (FR) [47]

Aus den Voruntersuchungen ergab sich ein spezifischer Systemertrag q_{sol} von 476 kWh/m^2/a. Tatsächlich wurden im ersten und zweiten Betriebsjahr jedoch nur 238 bzw. 272 kWh/m^2/a erreicht. Ursache für das unbefriedigende Betriebsergebnis waren technische Fehler an der Anlage, die (nur) durch die messtechnische Begleituntersuchung erkannt werden konnten (u. a. ein mangelhafter Wärmeübertrager) sowie manuelle Eingriffe des Betriebspersonals in den Prozess. Nach Fehlerbehebung konnte die Solaranlage die erwarteten Systemerträge erreichen.

Solare Papierfabrik

In der Papierfabrik von Condat in Lardin-Saint-Lazare in Frankreich (Abb. 6.14) werden von rund 500 Mitarbeitern 450.000 Tonnen beschichtetes Papier pro Jahr produziert, wobei ein hoher Energiebedarf vor allem durch direkte Dampfnutzung in den Produktionsprozessen besteht.

Zur Deckung eines Teils des jährlichen Energiebedarfs von ca. 9,75 GWh (Vorwärmung des Zusatzwassers für den Dampfkreislauf) ist seit 2019 ein Prozesswärmeanlage mit 4210 m^2 Flachkollektoren und einer Spitzenleistung von ca. 3,4 MW installiert [47]. Als Quelle für das Zusatzwasser wird demineralisiertes Flusswasser von der Solaranlage auf bis zu 90 °C aufgeheizt. Mit einem 500 m^3 großen Pufferspeicher wird eine solare Deckungsrate von 40 % bezogen auf die Zusatzwasservorwärmung erzielt.

Die Anlage war bei Inbetriebnahme die größte solarthermische Anlage in Frankreich und weltweit die erste Anlage mit Flachkollektoren, die dem Sonnenstand einachsig nachgeführt werden. Der Ertrag der Anlage kann so um 15 bis 20 % gesteigert werden. Installiert wurde das Kollektorfeld auf auf einem alten Papierschlammlager der Fabrik, was zu diesem Zweck gereinigt und abgedichtet wurde. Mit einem Ertrag von ca. 3900 MWh/a erzielt die Solaranlage durch die Einsparung von Erdgas eine Reduktion der CO_2-Emissionen von ca. 1080 t/a. Die Kosten der Anlage von 2,4 Mio. € wurden mit insgesamt 1,4 Mio. € Fördermitteln bezuschusst.

Solarthermie in der Lebensmittelindustrie

Die Firma HACK Gastro-Service oHG stellt in Kurtscheid mit 100 Mitarbeitern Tiefkühl- und Frischbackwaren her und verarbeitet täglich unter anderem mehr als 4 Tonnen Sahne. Die bei der Produktion anfallenden Sahne-, Fett- und Zuckerrückstände müssen aus hygienischen Gründen täglich restlos von den Produktionsmaschinen entfernt werden. Hierzu werden unter anderem über 10 m^3 Heißwasser benötigt, der Wärmebedarf für diesen Reinigungsprozess liegt bei ca. 200 MWh/a. Die Solarthermieanlage verfügt über 100 m^2 Vakuumröhrenkollektoren, die an der Südfassade der Produktionshalle installiert sind (Abb. 6.15). Der solare Deckungsanteil des Reinigungsprozesses beträgt ca. 30 %. Trotz des steilen Anstellwinkels der Kollektoren an der Fassade kann ein Solarertrag von 600 $kWh/m^2/a$ erzielt werden.

Das Kollektorfeld wurde mit zwei solaren Pufferspeichern mit jeweils 1,5 m^3 Speichervolumen installiert, über einen Entlade-Wärmeübertrager wird die vorhandene Speicherkaskade solar auf maximal 95 °C beheizt und mit einem Gaskessel nachgeheizt.

Nachmittags zum Ende der Fertigung werden die zuvor mit Reinigungslösung eingeschäumten Produktionseinrichtungen mit

Abb. 6.15 Kollektorfeld der solaren Prozesswärmeanlage der HACK Gastro-Service oHG [47]

dem 65 °C heißen Wasser gründlich abgespült. Die Solaranlage liefert pro Jahr rund 60 MWh der erforderlichen 200 MWh Wärmeenergie, damit werden rund 14 Tonnen CO_2 eingespart. Die Gesamtkosten der Anlage von rund 93.000 € wurden über das Marktanreizprogramm mit 50 % bezuschusst, woraus sich für die Anlage eine Amortisationszeit von deutlich unter 10 Jahren ergibt.

6.5 Solares Kühlen

Das Prinzip des solaren Kühlens wurde in Abschn. 4.6 ausführlich beschrieben. Dazu soll hier eine in Deutschland realisierte Anlage vorgestellt werden.

Die Festo AG & Co. KG betreibt für ihr Büro- und Verwaltungsgebäude in Esslingen eine große Anlage zur Kälteversorgung. Es werden drei Adsorptionskältemaschinen mit jeweils 350 kW Nennleistung eingesetzt, die 26.760 m^2 Bürofläche sowie drei Atrien mit einer Fläche von 2790 m^2 kühlen. Die Kältemaschinen wurden bisher mit Gas-Brennwert-Kesseln sowie der Abwärme von Kompressoren (Temperaturniveau 65 bis 75 °C) betrieben. Als dritte Wärmequelle wurde 2008 eine Vakuumröhrenkollektor-

Solaranlage mit 1218 m^2 Aperturfläche installiert, die den Erdgasbedarf weiter senken sollte. Die Vakuumröhrenkollektoren sind auf einem Sheddach mit 30° Neigung installiert und zeigen eine Südabweichung von 17° nach Westen. Zwei Pufferspeicher mit je 8500 l Volumen speichern die Solarwärme [43].

Abb. 6.16 zeigt das Kollektorfeld. Als Besonderheit ist zu nennen, dass die Kollektoren mit reinem Wasser ohne Frostschutzmittel als Solarflüssigkeit betrieben werden, das sog. „Aqua-System" ist eine Entwicklung des Unternehmens Paradigma aus Karlsbad.

In den Übergangszeiten und im Winter, wenn keine Kühlung der Gebäude notwendig ist, wird die solare Wärme unterstützend für die Gebäudebeheizung genutzt. Durch die Kombination von Kühlung und Heizung können niedrigere Wärmegestehungskosten erzielt werden als bei alleiniger Nutzung zur Klimatisierung. Für die solare Kühlung im Sommer stehen Temperaturen zwischen 75 und 95 °C, zur Heizungsunterstützung im Winter von 50 bis 70 °C zur Verfügung [43].

Im ersten Betriebsjahr 2008/2009 erreichte die Solaranlage einen spezifischen Systemertrag q_{sol} von 377 kWh/m^2/a, der im zweiten Jahr durch Optimierungsmaßnahmen auf 434 kWh/m^2/a gesteigert werden konnte. Die Solaranlage lieferte damit rund 9 % des Gesamtenergiebedarfs der Unternehmenszentrale für Heizung und Kühlung.

Abb. 6.16 Solarkollektorfeld auf dem Dach der FESTO AG & Co. KG in Esslingen aus [43]

6.6 Solare Fernwärme

Bereits in Abschn. 4.5 wurde auf die besondere Stellung Dänemarks bei der Entwicklung solarer Fernwärme hingewiesen. Schon seit dem Jahr 1962 wird die Kleinstadt Marstal auf der dänischen Insel Aerö mit Fernwärme versorgt. Im Jahr 1996 wurde die Fernwärmeanlage um ein solarthermisches Kollektorfeld (8000 m^2) und einen Stahltank-Wärmespeicher mit 2100 m^3 erweitert. Im Rahmen eines EU-Projektes wurde 2003 das Kollektorfeld auf 18.300 m^2 vergrößert und ein erster Erdbecken-Wasserspeicher („water pit") mit 10.000 m^3 errichtet. Schon damals lag der solare Deckungsgrad der Anlage bei 30 %, bei einem jährlichen solaren Systemertrag von 28 GWh.

Im Rahmen des Vorhabens „SUNSTORE 4" wurde die Anlage 2012 erneut erweitert, nun stehen in der Summe 33.300 m^2 Kollektorfläche mit einer Nennleistung von 23,4 MW_{th} und ein weiterer Erdbeckenspeicher mit 75.000 m^3 zur Verfügung [44]. Abb. 6.17 zeigt die Stadt Marstal und die beschriebene Fernwärmeversorgung.

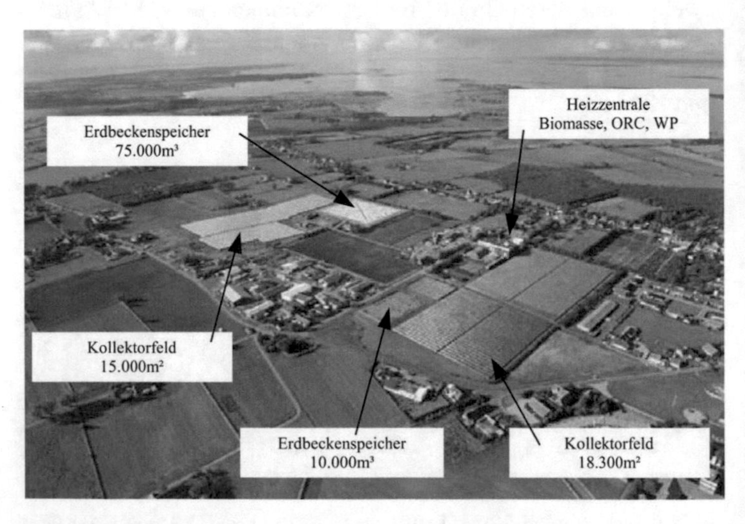

Abb. 6.17 Übersicht der Fernwärmeanlage in Marstal, DK [36]

Das Gesamtsystem ermöglicht eine nahezu 100-prozentige Deckung mit nachhaltigen Energieträgern. Dazu tragen neben der Solaranlage eine in Kraft-Wärme-Kopplung geführte ORC-Anlage mit 750 kW_{el}, eine Wärmepumpe (1,5 MW) und ein Biomassekessel (4 MW_{th}) bei. Selbst die Spitzenlastwärmeerzeuger zur Lastdeckung in Zeiten hoher Nachfrage arbeiten regenerativ (18,3 MW_{th} Bio-Öl-Kessel).

Die spezifischen Investitionskosten des zuletzt in Betrieb genommenen Kollektorfeldes betrugen nur rund 175 €/m^2 (bodenaufgeständert, inkl. Feldverrohrung, ohne MwSt.). Der elektrische Hilfsenergiebedarf zum Betrieb der solarthermischen Anlage wird vom Betreiber mit lediglich 3–4 kWh_{el}/MWh_{th} (Arbeitszahl 250 bis 330), die Wartungskosten mit 0,50 €/kWh_{th} angegeben. Die Anlage liefert insgesamt solare Wärme zu Gestehungskosten von 0,03 bis 0,04 €/kWh_{th} (ohne Förderung und ohne MwSt.) [44].

Der Erdbeckenspeicher mit einem Speichervolumen von 75.000 m^3 ist eine dänische Besonderheit: Das Erdbecken wird ausgehoben, nur mit einer HDPE-Folie ausgekleidet und dann mit Wasser befüllt. Nur die Wasseroberfläche des Beckens ist mit einer Wärmedämmung ausgestattet, auf einer schwimmenden Auskleidefolie sind dazu 240 mm PU-Schaumplatten in mehreren Lagen verlegt. Wand und Boden sind nicht gedämmt. Die Baukosten für den Speicher betrugen 3 Mio. €, die spezifischen Investitionskosten entsprechend 39 €/m^3 (inkl. Planungskosten und Anlagentechnik, ohne MwSt.) [44]. Wie bei saisonalen Speichern üblich ist das spezifische Speichervolumen mit 2550 l/m^2 sehr groß gewählt.

Die Solaranlage soll lt. Planung jährlich 13.400 MWh Wärme liefern, rund 40 % des Energiebedarfs des gesamten Fernwärmenetzes. Dies würde einem spezifischen Systemertrag q_{sol} von etwa 400 kWh/m^2/a entsprechen.

6.7 Solare Nahwärme

Nicht nur in Dänemark werden solare Fernwärmeanlagen gebaut. In Büsingen – im Landkreis Konstanz am Hochrhein gelegen – wurde bundesweit erstmalig das Konzept eines Bioenergiedorfs mit einer großen solarthermischen Anlage realisiert. Auf einem gepachteten kommunalen Grundstück am Ortsrand entstand eine Heizzentrale mit Hackschnitzelkesseln (1450 kW_{th}) und zwei Vakuumröhren-Kollektorfeldern mit zusammen über 1000 m^2 Bruttofläche.

Wie in Abb. 6.18 zu sehen ist die Heizzentrale an ihrer steil geneigten Südfassade mit einem Teil der Kollektoren belegt, so kann die tiefstehende Wintersonne gut genutzt werden. Ein weiterer Teil des Kollektorfeldes ist im Bildhintergrund bzw. in Abb. 6.19 erkennbar.

Die Solaranlage soll als zusätzliche regenerative Energiequelle dienen, da die Biomassepotentiale weitestgehend ausgeschöpft sind und nicht erweitert werden konnten. Wenn die Solarther-

Abb. 6.18 Kollektorfeld Nord mit Heizzentrale, aus [42]

Abb. 6.19 Kollektorfeld Süd mit Heizzentrale im Hintergrund, aus [42]

mieanlage im Sommer in Betrieb ist, bleiben die Holzheizkessel ausgeschaltet, in der Übergangszeit werden sie solar unterstützt.

Auf dem flach geneigten Dachteil der Heizzentrale (im Bild nicht sichtbar) ist zudem eine Photovoltaikanlage mit 22 kW_p Leistung und rund 20.000 kWh Jahresstromertrag installiert. Da die PV-Stromgestehungskosten deutlich geringer sind als die Netzbezugskosten, wird der Solarstrom zur Eigenstromversorgung der Heizzentrale verwendet.

Ein 6 km langes Wärmenetz versorgt über 100 Gebäude mit regenerativ erzeugter Wärme, darunter auch alle kommunalen Einrichtungen wie Schule, Rathaus und Kindergarten. Pro Jahr werden in der Summe 4200 MWh Wärmeenergie erzeugt, die Vorlauftemperatur im Netz beträgt 80 bis 85 °C, der solare Deckungsanteil soll etwa 13 % betragen. Das Investitionsvolumen für Heizzentrale, Wärmenetz, alle Wärmeübergabestationen sowie die beiden Kollektorfelder (Kollektorfeld Süd in Abb. 6.19) betrug rund 3,75 Mio. € [42].

6.8 Gebäudeintegration

Der letzte Abschnitt dieses Kapitels beschäftigt sich nicht mit einer weiteren Anwendungsmöglichkeit von Solarthermie. Die nachfolgenden Anlagenbeispiele sollen vielmehr zeigen, dass solarthermische Kollektorfelder in die Gebäudehülle oder in die Dachhaut integriert werden können, ohne das Gesamtbild der Häuser zu stören.

Abb. 6.20 zeigt eine Solaranlage zur Trinkwassererwärmung und Heizungsunterstützung in einem Seniorenwohnheim in Ilmenau. Die von der örtlichen Wohnungsbaugenossenschaft betriebene Anlage aus dem Jahr 2009 verfügt über 148 m^2 Flachkollektoren, die dachintegriert auf einem Satteldach installiert sind.

In einen elfgeschossigen Wohngebäude in Erfurt wird die Trinkwassererwärmung ebenfalls solar unterstützt (Abb. 6.21). Es kommen hier 127,5 m^2 Vakuumröhrenkollektoren zum Einsatz, die an der Fassade montiert sind.

Abb. 6.22 schließlich zeigt eine fassadenintegrierte Anlage zur Trinkwasserwerärmung in vertikaler Südausrichtung mit 16 Flachkollektoren an einem Mehrfamilienhaus in Ilmenau.

Die Beispiele zeigen, dass auch große Kollektorfelder architektonisch vorteilhaft in die Gebäudehülle integierbar sind.

Abb. 6.20 Solaranlage zur Trinkwassererwärmung und Heizungsunterstützung in einem Seniorenwohnheim in Ilmenau, [56]

Abb. 6.21 Solaranlage zur Trinkwarmwasserbereitung in einem Wohngebäude, Erfurt, [56]

Abb. 6.22 Solaranlage zur Trinkwarmwasserbereitung in einem Wohngebäude, Ilmenau

7 Historie und Zukunft der Solarthermie

Schon in der Einführung wurde darauf hingewiesen, dass die Solarthermie ein wichtiger Baustein in der zukünftigen Wärmeversorgung sein wird. Die Anwendungsbeispiele aus Kap. 6 haben gezeigt, dass es eine Vielzahl an Möglichkeiten zum sinnvollen Einsatz von Solarthermie gibt, nicht nur im Einfamilienhaus zur Trinkwassererwärmung, sondern auch in Industrie, Gewerbe und der netzgebundenen Wärmeversorgung.

Das Kap. 5 zur Wirtschaftlichkeit hat die Einflussfaktoren auf die Kosten einer solaren Wärmeversorgung offengelegt: Vor allem die Investitionskosten bestimmen den Wärmepreis, die jährlichen Betriebskosten dagegen sind nahezu vernachlässigbar. Bei der konventionellen Wärmeerzeugung mit Öl und Gas dagegen ist der Bezugspreis des Endenergieträgers entscheidend. Die Einführung der CO_2-Bepreisung und die neue Bundesförderung für regenerative Wärme wird die Solarthermie wirtschaftlich attraktiver machen, dennoch müssen die Herstellkosten für solarthermische Systeme weiter sinken – doch wie? Was bringt die Zukunft an technischen Neuerungen? Wie wird sich die Solarthermie weiter entwickeln?

Diese Fragen versucht dieses Kapitel zu beantworten, zuvor jedoch soll ein Blick zurück auf die Anfänge der solarthermischen Nutzung geworfen werden.

T. Schabbach, P. Leibbrandt, *Solarthermie*, Technik im Fokus,
https://doi.org/10.1007/978-3-662-59488-9_7

7.1 Die Anfänge

Das solare Zeitalter beginnt schon etwa 1500 v.u.Z. in Ägypten mit der Entwicklung der Techniken zur Glas- und Spiegelherstellung. Sehr schnell gelang es, mit Hilfe von Brennspiegeln und -linsen das Sonnenlicht zu konzentrieren und höhere Temperaturen zu erzeugen. Aus der Antike ist bekannt, dass Priester mit konzentrierter Solarstrahlung heilige Feuer entzündeten, nach Aristoteles sollen Seeleute sogar Meerwasser zur Trinkwassergewinnung destilliert haben. Bei ihm und bei Euklid finden sich bereits wissenschaftliche Abhandlungen zu Brennspiegeln. Nach einer historischen Legende soll Archimedes bei der Belagerung von Syrakus im Jahre 212 v.u.Z. die dort vor Anker liegende römische Flotte mit Hilfe eines Brennspiegels in Brand gesetzt und vernichtet haben.

Im Jahr 1615 wurde die erste Konstruktion einer solarbetriebenen Wasserpumpe veröffentlicht. Die Idee dazu ist vermutlich auf die Schriften Herons von Alexandrien aus dem 2. Jahrhundert n.u.Z. zurückzuführen, die 1575 wiederveröffentlicht wurden. Abb. 7.1, links, zeigt eine Zeichnung des französischen Architekten und Ingenieurs Salomon de Caus, in der zu erkennen ist, wie über mehrere Brennlinsen Wasser in zwei Kupferkesseln erhitzt wird. Die Volumenausdehnung des Wassers sollte offenbar zum Betrieb des Springbrunnens verwendet werden.

Geschichte der Solarenergienutzung
Zur Geschichte der Solarenergienutzung in Deutschland und den USA 1860 bis 1986 wurde im Jahr 2001 eine ganze Dissertation verfasst [37]. Das außerordentlich umfangreiche Werk informiert über die politischen und wirtschaftlichen Hintergründe, die die Entwicklung der Solarthermie in manchen Zeiten gehemmt und zu anderen Zeiten stark vorangetrieben haben. Bereits 1879 veröffentlichte der französische Forscher und Unternehmer Augustin

Abb. 7.1 Links: Zeichnung des französischen Architekten und Ingenieurs Salomon de Caus aus dem Jahr 1615 [17]. Rechts: Historischer Stich der solaren Dampfmaschine des französischen Erfinders Augustin Mouchot (1825–1912), vorgestellt bei der Weltaustellung in Paris im Jahr 1878 [38]

Mouchot ein umfangreiches Buch zur Nutzung von Solarwärme in industriellen Anwendungen [38]. Viele der nachfolgenden Informationen entstammen diesen beiden Werken.

Der Franzose Augustin Mouchot stellte zur Weltausstellung 1878 in Paris die erste solar betriebene Dampfmaschine mit einer Leistung von rund 50 kW vor (Abb. 7.1, rechts). Sie sollte universell einsetzbare Antriebsenergie zum Aufbau der damaligen französischen Kolonie Algerien liefern. Die Reflexionsfläche des konischen, mit Silber bedampften Spiegels betrug 20 m^2.

Auch in den USA wurde die Entwicklung an solarthermischen Kraftwerken vorangetrieben. Frank Shuman aus Philadelphia errichtete 1912 bei Kairo am Nil ein Demonstrationskraftwerk mit Parabolrinnen-Spiegeln und Verdampferrohr, dessen Leistung bereits rund 88 kW betrug (Abb. 7.2). Dieses und andere ähnliche Projekte dieser Zeit scheiterten aber an Materialproblemen unter praktischen Bedingungen: Die von Shuman verwendeten Verdampferrohre aus Zink waren nicht ausreichend temperatur-

Abb. 7.2 Demonstrationskraftwerk mit Parabolrinnen-Spiegeln und Verdampferrohr, 1912 bei Kairo gebaut. Wasserspeicher dienten zur Verlängerung der Betriebsdauer [1]

beständig, die polierten Metallspiegel verloren durch Sandstürme ihre Reflexionseigenschaften, die Glas-Metall-Konstruktionen brachen aufgrund unberücksichtigter unterschiedlicher Temperaturausdehnungskoeffizienten.

Parallel zur solaren Kraftwerkstechnik entwickelte und fertigte man in den USA ab 1890 bis in die Mitte des Zweiten Weltkriegs solarthermische Trinkwassererwärmungsanlagen. Allein in Florida wurden zwischen 1935 und 1941 rund 25.000 Anlagen installiert. Die Solarthermie galt als etablierte, komfortable und kostengünstige Heiztechnik, bis ab 1942 kriegsbedingte Lieferprobleme bei Kupfer und das Angebot billigen Erdgases dem Markt ein vorläufiges Ende setzten.

In Deutschland beschäftigte man sich erst ab dem Beginn der 1970er Jahre wieder intensiv mit der Solarthermie. Schon vor der Ölpreiskrise 1973 hatte die Bundesregierung ein Ausbauprogramm zur Verringerung der Ölabhängigkeit gestartet und sich dabei auf die Kernkraft konzentriert. Eine zeitgleiche Krise in der Raumfahrtindustrie brachte bundesdeutsche Unternehmen wie AEG, Siemens, MBB, Dornier und Stiebel Eltron dazu, in die Solarforschung zu investieren und marktfähige Produkte zu entwickeln. Wie schon Jahrzehnte zuvor in den USA führten Materialprobleme zu einem schnellen Zusammenbruch des Solarkollektormarktes innerhalb weniger Jahre. Die etablierte Heiztechnikindustrie setzte nun auf die Entwicklung der Wärmepumpe, während aus der Umweltbewegung entstandene Kleinstunter-

Abb. 7.3 Studentische Umweltgruppe in Marburg beim Bau eines dachintegrierten Solarkollektors (1979) und eines Solarwärmeübertragers. Aus der Umweltgruppe ging das Unternehmen Wagner & Co hervor, ein Pionier der Solarthermie [54]

nehmen die Fortentwicklung der Kollektortechnik vorantrieben (Abb. 7.3). Die Erfahrungen der Reaktorkatastrophe von Tschernobyl im Jahr 1986 und die Erkenntnisse zum Klimawandel durch Nutzung fossiler Energien haben in der Folge bewirkt, dass sich die Solarthermie inzwischen als unverzichtbarer Baustein der thermischen Energieversorgung etabliert hat.

7.2 Solarthermie auf dem Mars?

Der deutsche Naturwissenschaftlicher und sehr frühe Science-Fiction-Autor Kurd Lasswitz behauptete in seinem 1897 erschienenen Werk „Auf zwei Planeten" [34] genau dies: Die Marsianer betreiben auf ihrem Planeten riesige solarthermische Kraftwerke und leben deshalb in einer Überfülle an Elektrizität. Dieser Energiereichtum befähigt sie dann auch, die Erde zu unterwerfen und ein Protektorat zu errichten. Abb. 7.4 zeigt das Titelbild einer späteren Ausgabe dieses Klassikers. Nach der Beschreibung des Autors sind die Marsbewohner durchweg intelligenter, vernünftiger und moralischer als die Erdlinge. Trotzdem (oder vielleicht: deshalb) gelingt es den Außerirdischen nicht, die Erde zu befrieden; zu Ende des Romans ziehen sich die Marsbewohner – gepeinigt auch von der irdischen Schwerkraft – wieder auf ihren Planeten zurück. Wie kam Lasswitz am Ende des 19. Jahrhunderts auf die Idee, Marsianer mit Solarenergie auszu-

Abb. 7.4 Titelbild des Buches „Auf zwei Planeten“ des Autors Kurd Lasswitz und die Illustration eines Solarkraftwerks von Walter Zeeden aus einer Ausgabe von 1948 [34]

statten? Zum einen gab es in den 1890er-Jahren einen „Hype“ in den Massenmedien (ja, beides gab es damals schon) um die 1877 erstmals beobachteten „Rinnen“ auf der Marsoberfläche, die bald zu künstlich geschaffenen Bewässerungskanälen umgedeutet wurden. Zum anderen waren dem Naturwissenschaftler Lasswitz sicher die Arbeiten des Franzosen Mouchot zur Entwicklung solarer Dampfmaschinen bekannt.

Lasswitz war übrigens nicht der Einzige, der den thermischen Solarkraftwerken eine überragende Bedeutung bei der zukünftigen Energieversorgung zumaß. Auch August Bebel beschrieb im Jahr 1909 in seinem Werk „Die Frau und der Sozialismus“ eine (im Rückblick utopische) Welt: „Einen Reichtum an Energie, der allen Bedarf weit übersteigt, bieten die Teile der Erdoberfläche dar, denen die Sonnenwärme (...) so regelmäßig zufließt, dass mit ihr auch ein regelmäßiger technischer Betrieb durchgeführt werden kann“ [2].

7.3 Die Zukunft

Wie schaut – aus heutiger Sicht – die Zukunft der Solarthermie aus, welche technischen Entwicklungen sind zu erwarten?

Bereits im Abschn. 1.3 wurden die Potentiale und möglichen beiträge der Solarthermie bei der Umsetzung der Klimaziele genannt. Neben der dezentralen Wärmeversorgung im Ein- und Zweifamilienhaus sieht die Studie des Fraunhofer Instituts vor allem den Ausbau der netzgebundenen Wärmeversorgung (also solare Nah- und Fernwärme) und die Prozesswärmeversorgung in Industrie und Gewerbe als Ziel.

Die Deutsche Solarthermie-Technologie-Plattform (DSTTP), ein Zusammenschluss zahlreicher Akteure in Industrie und Forschung, sieht in ihrem Positionspapier für die kommenden Jahre einige besondere Entwicklungsfelder. Neben der Steigerung der Leistungsfähigkeit und Kostensenkung bei Kollektoren, Speicher und allen weiteren Komponenten sind dies nach [19]:

- Durch die Vorfertigung und Standardisierung von Baugruppen und ganzen Systemen sollen weitere Kostensenkungspotenziale gehoben, vor allem aber die Einbindung in vorhandene Anlagentechnik vereinfacht werden.
- Die zunehmende Vernetzung der Energieerzeuger (Sektorenkopplung!) stellt eine große Herausforderung dar – hier muss auch die Solarthermie geeignete technische Konzepte entwickeln, wie die Regelung und Funktionsüberwachung der Solarthermiekomponenten in Smart Home und Smart Grid Systeme integriert werden kann.
- Es sind zudem neue Geschäftsmodelle und technische Lösungen zu entwickeln, um Solarthermie z. B. im Mietwohnungsbau und bei gewerblich-industriellen Anwendungen wirtschaftlich attraktiver zu machen. Als Stichwort sei das Energie-Contracting genannt.

Die Solarthermie ist bestens geeignet, in der zukünftigen Wärmeversorgung eine entscheidende Rolle einzunehmen. Wir als Autoren sind sehr zuversichtlich, dass ihr dies gelingen wird!

8 Literaturauswahl

Duffie, J.; Beckman, W.: Solar engineering of thermal processes – 2nd ed. Wiley, New York 1991 [25]
Der „Duffie-Beckman", wie er in Fachkreisen schlicht genannt wird, wird auch gerne als die „Bibel" der Solarthermiker bezeichnet. Im Jahr 1978 erschien das englischsprachige Fachbuch in der Erstauflage, im April 2013 in der vierten Edition. Die beiden Autoren arbeiteten am Solar Energy Laboratory (SEL) der University of Wisconsin in Madison, eines der ersten Forschungsinstitute für Solarthermie (gegründet 1954).

Das Buch behandelt auf über 900 Seiten ausführlich die Solarstrahlung, das Strahlungsangebot, die Grundlagen der Wärmeübertragung, die Modellierung aller Vorgänge im Solarkollektor sowie solare Anwendungen. Aufgrund seiner sehr wissenschaftlichen Ausrichtung eignet es sich nur für ausgebildete Ingenieure und Physiker, die sich vertiefend mit der Solarthermie beschäftigen möchten.

Schreier, N.; Wagner, A.; Orths, R.: Solarwärme optimal nutzen. Handbuch für Technik, Planung und Montage. Wagner-Verlag, Cölbe 2007
Ebenfalls ein Klassiker ist dieses Handbuch, das bereits 1980 in seiner ersten Auflage erschien. Die Autoren zählen zu den Pionieren der Solarthermie in Deutschland und zu den Gründern

T. Schabbach, P. Leibbrandt, *Solarthermie*, Technik im Fokus,
https://doi.org/10.1007/978-3-662-59488-9_8

des Unternehmens Wagner & Co, das bereits im Kap. 7 erwähnt wurde.

Das Buch richtete sich in seinen ersten Auflagen v. a. an interessierte Laien und Selbstbauer, damals noch unter dem Titel „So baue ich eine Solaranlage". Mit dem Heranwachsen der solarthermischen Industrie wurde das Handbuch später auch auf das (professionelle) Interesse von Installateuren und Planern ausgerichtet. In zahlreichen Bildern, Graphiken und anschaulichen Skizzen wird die Technik der Solaranlagen, die Planung und schließlich deren Montage praxisnah und kenntnisreich erläutert.

Im Buchhandel ist das Werk leider nicht mehr erhältlich, vereinzelt werden aber noch gebrauchte Exemplare angeboten.

Wesselak, V.; Schabbach, T.; Link, T.; Fischer, J.: Handbuch Regenerative Energietechnik. Springer, Heidelberg 2017
Das 2017 in der dritten Auflage erschienene Lehrbuch behandelt auf über 850 Seiten Photovoltaik, Solar- und Geothermie, Biomasse, Wind- und Wasserkraft. Damit werden sowohl Systeme zur Elektrizitäts- als auch zur Wärmebereitstellung berücksichtigt. In den einzelnen Kapiteln werden – ausgehend von den natur- und ingenieurwissenschaftlichen Grundlagen – die Funktionsweise der zentralen Komponenten sowie deren Verknüpfung zu Systemen dargestellt. Konkrete Planungs- und Auslegungsbeispiele verbinden die theoretischen Grundlagen mit einer handlungsorientierten Lehre. Der Integration regenerativer Energieanlagen in die bereits vorhandenen Systeme im Strom-, Wärme- und Transportsektor ist jeweils ein eigenes Kapitel gewidmet.

Das Buch richtet sich an Studierende und Ingenieure der Energietechnik sowie an Praktiker auf dem Gebiet der erneuerbaren Energien.

Literaturverzeichnis

1. Bachmann, S.: Die frühe Geschichte der thermischen Nutzung der Sonnenenergie. Vortrag am Institut für Thermodynamik und Wärmetechnik (ITW). Stuttgart (2004)
2. Bebel, A.: Die Frau und der Sozialismus. 66. Auflage. Dietz-Verlag, Berlin (1990)
3. Bodmann, M.; Fisch, N.: Solarthermische Langzeit-Wärmespeicherung. Eurosolar 2003, Wuppertal (2003)
4. Brennstoffemissionshandelsgesetz vom 12. Dezember 2019 (BGBl. I S. 2728), durch Artikel 1 des Gesetzes vom 3. November 2020 (BGBl. I S. 2291) geändert
5. Bühl; Müller: Förderprogramm „Solarthermie 2000" Teilprogramm 2 – Zwischenbericht der 3. Messperiode 04.04.2001–05.04.2002 (Südharzkrankenhaus Nordhausen), Ilmenau (2004)
6. Bundesamt für Wirtschaft und Ausfuhrkontrolle (BAFA) (Hg.): Erneuerbare Energien. Förderbare Kollektoren und Solaranlagen, https://www.bafa.de/SharedDocs/Downloads/DE/Energie/ee_solarthermie_anlagenliste_bis_2019.pdf . Stand: 28.12.2020, Eschborn (2020)
7. Bundesamt für Wirtschaft und Ausfuhrkontrolle (BAFA) (Hg.): Förderwegweiser Energieeffizienz, https://www.bafa.de/DE/Energie/Energieeffizienzwegweiser/energieeffizienzwegweiser.html . Stand: 28.12.2020, Eschborn (2020)
8. Bundesamt für Wirtschaft und Ausfuhrkontrolle (BAFA) (Hg.): Modul 2 – Prozesswärme aus erneuerbaren Energien. Stand: 15.07.2019, Eschborn (2019)
9. Bundesindustrieverband Deutschland Haus-, Energie- und Umwelttechnik (BDH), Bundesverband Solarwirtschaft (Hg.): Arbeitsblatt zur Ermittlung von Schneelasten an Solarthermischen Anlagen. Stand 16. April 2012. Informationsblatt Nr. 49. Mai 2012, Köln / Berlin (2012)

T. Schabbach, P. Leibbrandt, *Solarthermie*, Technik im Fokus,
https://doi.org/10.1007/978-3-662-59488-9

10. Bundesministerium für Umwelt, Naturschutz, Reaktorsicherheit (Hg.): Evaluierung des Marktanreizprogramms für erneuerbare Energien: Ergebnisse der Förderung für das Jahr 2010, Berlin (2011)
11. Bundesministerium für Wirtschaft und Energie (Hg.): Zahlen und Fakten. Energiedaten. http://www.bmwi.de/DE/Themen/Energie/energiedaten.html (Abruf 03.03.2014), Berlin (2014)
12. Bundesverband der Energie- und Wasserwirtschaft e.V. (BDEW) (Hg.): Wie heizt Deutschland 2019? BDEW-Studie zum Heizungsmarkt, Berlin (2019)
13. Bundesverband Solarwirtschaft (BSW-Solar) (Hg.): Empfehlung zur Verwendung einheitlicher Kenndaten für thermische Solaranlagen. Handreichung, Berlin (2013)
14. Bundesverband Solarwirtschaft (BSW-Solar) (Hg.): Statistische Zahlen der deutschen Solarwärmebranche (Solarthermie), Berlin (2014)
15. Bundesverband Solarwirtschaft (BSW-Solar) (Hg.): Statistische Zahlen der deutschen Solarwärmebranche (Solarthermie), Berlin (Februar 2013)
16. Bundesverband Solarwirtschaft (BSW-Solar) (Hg.): Statistische Zahlen der deutschen Solarwärmebranche (Solarthermie), Berlin (März 2020)
17. de Caus, S.: Von Gewaltsamen Bewegungen (Band 1). Franckfurt (1615), http://digital.slub-dresden.de/ppn276984048/51
18. Danish District Heating Association (Hg.): Portal for large solar heating systems, containing both current and historical production data. http://solarheatdata.eu (2016)
19. Deutsche Solarthermie-Technologie Plattform (DSTTP) (Hg.): Solarthermie – Eine Basistechnologie für die zukunftsfähige Energieversorgung Deutschlands. Positionspapier, Berlin (2021)
20. DIN 1988-200: Technische Regeln für Trinkwasser-Installationen – Teil 200: Installation Typ A (geschlossenes System) – Planung, Bauteile, Apparate, Werkstoffe; Technische Regel des DVGW. Beuth Verlag, Düsseldorf (2012)
21. DIN 4753: Wassererwärmer und Wassererwärmungsanlagen für Trink- und Betriebswasser. Teil 1: Behälter mit einem Volumen über 1000 l (2011-11), Teil 3: Wasserseitiger Korrosionsschutz durch Emaillierung und kathodischer Korrosionsschutz – Anforderungen und Prüfung (Entwurf 2013-02), Teil 4: Wasserseitiger Korrosionsschutz durch wärmehärtende, kunstharzgebundene Beschichtungsstoffe (2011-11), Teil 5: Wasserseitiger Korrosionsschutz durch Auskleidungen mit Folien aus natürlichem oder synthetischem Kautschuk (2011-11), Teil 7: Behälter mit einem Volumen bis 1000 l, Anforderungen an die Herstellung, Wärmedämmung und den Korrosionsschutz (2011-11) Beuth Verlag, Düsseldorf (2011–2013)
22. DIN EN 12897: Wasserversorgung – Bestimmung für mittelbar beheizte, unbelüftete (geschlossene) Speicher-Wassererwärmer. Beuth Verlag, Düsseldorf (2020-05)

23. DIN EN ISO 9806: Solarenergie – Thermische Sonnenkollektoren - Prüfverfahren (ISO 9806:2017); Deutsche Fassung EN ISO 9806:2017. Beuth Verlag, Düsseldorf (2018-04)
24. Directive 2010/30/EU of the Euopean Parliament and of the Council of 19 May 2010 on the indication by labelling and standard product information of the consumption of energy and other resources by energy-related products. http://eur-lex.europa.eu/LexUriServ/LexUriServ.do?uri=OJ:L:2010:153:0001:0012:en:PDF (Abruf 24.01.2013)
25. Duffie, J.; Beckman, W.: Solar engineering of thermal processes. Wiley, New York (1991)
26. Forschungsverbund Erneuerbare Energien (FVEE) (Hg.): Innovationen für die Energiewende, Beiträge zur FVEE-Jahrestagung 2017, Berlin (2017)
27. Fraunhofer-Institut für Solare Energiesysteme ISE (Hg.): WEGE ZU EINEM KLIMANEUTRALEN ENERGIESYSTEM Die deutsche Energiewende im Kontext gesellschaftlicher Verhaltensweisen sowie Anhang zur Studie. http://publica.fraunhofer.de/dokumente/N-586708.html, Freiburg (2020)
28. FSAVE GmbH, Kassel (2012)
29. Gesetz zur Einführung eines Bundes-Klimaschutzgesetzes und zur Änderung weiterer Vorschriften, vom 12. Dezember 2019 (BGBl. Teil I Jg. 2019 Nr. 48, S. 2513) 10. Verordnung (EU) 2018/842
30. Gesetz zur Einsparung von Energie und zur Nutzung erneuerbarer Energien zur Wärme- und Kälteerzeugung in Gebäuden (Gebäudeenergiegesetz – GEG) vom 8. August 2020 (BGBl. I S. 1728)
31. Gesetz zur Förderung Erneuerbarer Energien im Wärmebereich (Erneuerbare-Energien-Wärmegesetz – EEWärmeG), zuletzt durch Artikel 7 des Gesetzes vom 28. Juli 2011 (BGBl. I S. 1634) geändert
32. Grammer Solar (Hg.): Produktunterlagen, Amberg (2012)
33. Hiebler, S.: Kalorimetrische Methoden zur Bestimmung der Enthalpie von Latentwärmespeichermaterialien während des Phasenübergangs. Dissertation, München (2007)
34. Lasswitz, K.: Auf zwei Welten. 66. Auflage. Verlag Cassianeum, Donauwörth (1948)
35. Lauterbach, C. et al. Das Potential solarer Prozesswärme in Deutschland. Teil 1 des Abschlussberichtes zum Forschungsvorhaben „SOPREN – Solare Prozesswärme und Energieeffizienz“. Förderkennzeichen: 0329601T. Institut für Thermische Energietechnik, Universität Kassel, Kassel (2011)
36. Marstal Fjernvarme (Hg.): Übersicht Projekt Fernwärme Marstal DK, Marstal Fjernvarme (2014)
37. Mener, G.: Geschichte der Sonnenenergienutzung in Deutschland und den USA 1860–1986. LK-Verlag, München (2001)
38. Mouchot, Augustin: Die Sonnenwärme und ihre industriellen Anwendungen. Nachdruck der Ausgabe von 1879 in dt. Sprache. Olynthus-Verlag, Oberbözberg (CH) (1987)

39. Núñez, T.; Nienborg, B.; Tiedtke, Y.: Solare Kühlung kleiner Leistung mit Rückkühlung über Erdsonden. 18. OTTI Symposium Solarthermie, Bad Staffelstein (2008)
40. POLYSUN Simulation Software, Version 7.0.7.19365, VelaSolaris, Winterthur (CH) (2014)
41. RAL gGmbH (Hg.): Vergabegrundlage für Umweltzeichen. Sonnenkollektoren. RAL-UZ 73. Ausgabe, Sankt Augustin (2009)
42. Solarkomplex (Hg.): Bioenergiedorf Büsingen, Bewerbungsunterlagen zum Georg-Salvamoser-Preis 2014, Singen (2014)
43. Solar Server (Hg.): Solarwärme zur Heizung und Klimatisierung: Weltgrößte Vakuumröhrenkollektoranlage versorgt größte Adsorptionskälteanlage der Welt. http://www.solarserver.de/solarmagazin/anlage-maerz2008.html (Abruf 17.07.14)
44. Schmidt; Mangold: Solar unterstütze Kraft-Wärme-Kopplung mit saisonalem Wärmespeicher – das dänische Projekt „SUNSTORE 4". 23. OTTI Symposium Solarthermie, Bad Staffelstein (2013)
45. Statistisches Bundesamt (Destatis): Daten zur Energiepreisentwicklung – Lange Reihen bis Januar 2021. https://www.destatis.de/DE/Themen/Wirtschaft/Preise/Publikationen/Energiepreise/ (Abruf 26.03.21), Wiesbaden (2021)
46. Solar Millenium AG (Hg.): Die Parabolrinnen-Kraftwerke Andasol 1 bis 3, Erlangen (2011)
47. Universität Kassel (Hg.): Best Practice Solare Prozesswärme, Universität Kassel, Institut für Thermische Energietechnik. https://www.solare-prozesswärme.info/best-practice/ (Abruf 09.03.2021), Kassel (2021)
48. Universität Kassel (Hg.): Pilotanlage zur Bereitstellung solarer Prozesswärme bei der Hütt-Brauerei. Abschlussbericht Förderkennzeichen 0329609E (Solarthermie2000plus), Kassel (2011)
49. VDI 3988: Solarthermische Prozesswärme. Beuth Verlag, Düsseldorf (2020)
50. VDI 6002 Blatt 1: Solare Trinkwassererwärmung. Allgemeine Grundlagen, Systemtechnik und Anwendung im Wohnungsbau. Beuth Verlag, Düsseldorf (2014)
51. VDI 6002 Blatt 2: Solare Trinkwassererwärmung. Anwendungen in Studentenwohnheimen, Seniorenheimen, Krankenhäusern, Hallenbädern und auf Campingplätzen. Beuth Verlag, Düsseldorf (2014)
52. VDI/DVGW 6023:2012-04 Hygiene in Trinkwasser-Installationen. Anforderungen an Planung, Ausführung, Betrieb und Instandhaltung (Entwurf). Beuth Verlag, Düsseldorf (2020)
53. Verordnung (EU) 2018/842 der Europäischen Parlaments und des Rates vom 30. Mai 2018 zur Festlegung verbindlicher nationaler Jahresziele für die Reduzierung der Treibhausgasemissionen im Zeitraum 2021 bis 2030 als Beitrag zu Klimaschutzmaßnahmen zwecks Erfüllung der Verpflichtungen aus dem Übereinkommen von Paris sowie zur Änderung der Verordnung (EU) Nr. 525/2013

54. Wagner & Co Solartechnik GmbH Bildarchiv, Cölbe (2009)
55. Wesselak; Schabbach; Link; Fischer: Handbuch Regenerative Energietechnik, 3. Auflage. Springer Vieweg, Berlin (2017)
56. Wirth et al.: Anlagensteckbriefe zu allen solarthermischen Anlagen aus den Förderprogrammen ST2000 und ST2000-plus. Hochschule Düsseldorf, Düsseldorf (2016)

Stichwortverzeichnis

T. Schabbach, P. Leibbrandt, *Solarthermie*, Technik im Fokus,
https://doi.org/10.1007/978-3-662-59488-9

Printed in the United States
by Baker & Taylor Publisher Services